虫洞书简④

给青少年的82堂智慧课

王溢嘉 著

台海出版社

北京市版权局著作合同登记号：图字 01-2022-0553

本书由作者王溢嘉授权北京乐律文化有限公司在中国大陆地区出版其中文简体字平装本版本。该出版权受法律保护，未经书面同意，任何机构与个人不得以任何形式进行复制、转载。（本书中文简体版权经由锐拓传媒取得 Email:copyright@rightol.com）

图书在版编目（CIP）数据

虫洞书简 . 4, 给青少年的 82 堂智慧课 / 王溢嘉著
.-- 北京 : 台海出版社 , 2022.4
　　ISBN 978-7-5168-3232-5

　　Ⅰ . ① 虫… Ⅱ . ① 王… Ⅲ . ① 心理学—青少年读物
Ⅳ . ① B84-49

中国版本图书馆 CIP 数据核字（2022）第 029036 号

虫洞书简 .4，给青少年的 82 堂智慧课

著　　者：王溢嘉

出 版 人：蔡　旭　　　　　　　　　封面设计：仙境
责任编辑：赵旭雯　魏　敏　高惠娟

出版发行：台海出版社
地　　址：北京市东城区景山东街 20 号　　邮政编码：100009
电　　话：010-64041652（发行，邮购）
传　　真：010-84045799（总编室）
网　　址：www.taimeng.org.cn/thcbs/default.htm
E-ma i l：thcbs@126.com

经　　销：全国各地新华书店
印　　刷：三河市嘉科万达彩色印刷有限公司
本书如有破损、缺页、装订错误，请与本社联系调换

开　　本：880 毫米 × 1230 毫米　　　1/32
字　　数：137 千字　　　　　　　　印　张：8.25
版　　次：2022 年 4 月第 1 版　　　　印　次：2022 年 4 月第 1 次印刷
书　　号：ISBN 978-7-5168-3232-5

定　　价：49.80 元

一个生命园丁的梦想

每个人的心中都有一座花园，每个人都是自己这座花园里的园丁。

偶尔，我们会打开心扉，让一些游客进入花园里观赏或品评。但更多时候，我们喜欢自己徜徉于花园之中，自歌自舞自徘徊。

世间有多少人，就有多少座花园。有的花园里花木扶疏，有的奇丽飘香，有的狂野凌乱，有的残破萧条，有的乐于收集珍贵的品种，有的讲究色泽的搭配。

每座花园的景致，都是每个园丁自己耕耘、栽培的成果，也是他个人心灵品位、生命情调的反映。

当你徜徉在自己的生命花园中，触景生情时，你对它的景致感到满意吗？你是否觉得它太单调、太平凡，有点庸俗，或者好像少了一点什么？多数人都会觉得自己的生命花园跟自己原先设想的不太一样，而希望能拥有一座更好的花园。

每个人都梦想着拥有一座更美丽的花园，就像梦想着拥有一个更多姿多彩、更富有智慧、更幸福美满的人生。

　　如果你想再造一座理想的花园，想修整花园中的花花草草，那你就得先清理一下自己的心灵，因为园中的一花一草都是以我们的思想和观念为种子栽培出来的。

　　"心田不长无明草，性地常开智慧花。"也许，你应该先拔除花园里的"无明草"，清理掉那些让生命变得荒凉、黯淡的想法，然后引进"智慧花"的种子，以更繁华、生动的方式来布置你的花园，装点你的生命。

　　本书收集了一些小故事，虽然只是"小花小草"，但都蕴含着一粒粒"智慧的种子"，正可供有心营造自己生命花园的园丁们采撷。

王溢嘉

| 目 录 |

卷四　情感的冬藏

在这个星球上，我唯一的庇护所是另一个人的心。　　　　杜鲁门

卷一　思想的春耕

001　我不要求更大的花园，但要求更好的种子。

康威尔

Spring ploughing of the mind

I DO NOT
ASK FOR A
BIGGER GARDEN
BUT FOR

我不要求更大的花园
但要求更好的种子。

BETTER
SEEDS.

这世界并没有什么错，

错的是我们看待它的方式。

——梭罗

神秘的面纱

主题　用心体验

有一天，爱因斯坦去参加一场冠盖云集的盛会。

主持人在请他讲话之前，言辞中对他特别推崇，盛赞他那些惊天动地的物理发现，说他"为世人揭开了宇宙的神秘面纱"。

在来宾的热烈掌声中，爱因斯坦走到台前，谦虚地说：

"宇宙诚然神秘，但我觉得它并没有用什么东西遮住自己。我揭开的只是遮蔽住自己眼睛和心灵的面纱而已。"

大师一开口，果然不同凡"想"。

宇宙的确没有把"相对论"藏在什么隐秘的地方，但只有爱因斯坦一马当先地找到了。如今多数人还是无法了解相对论，那是因为大家的心智依然被无知蒙蔽着，而非来自宇宙的恶意。

生命的奥秘正如同宇宙的奥秘。生命也许深奥难解，但生命也没有把它的奥秘隐藏在什么地方。

若你觉得生命荒凉、乏味、痛苦，那是因为你自己的眼睛和心灵被层层面纱遮蔽住了，无法看出它丰盈、奇妙、欢欣的一面。

生命并没有什么错，错的是我们观照生命、感受生命的方式。它们就是遮蔽住我们眼睛和心灵的面纱。

只有自行卸下面纱，用不同的眼光和无碍的心灵来观照，去感受，你才能发现世界之美，人生之乐。

自然是用对立的东西来制造和谐，

而非用相同的东西。

——亚里士多德

对立的和谐

主题　　和谐

西班牙大画家毕加索画了一幅画，名叫《和谐》。那是一幅有点怪的画，在画中，鱼被放在鸟笼里，而鸟则被放在鱼缸里。

　　一位画商看了后，大惑不解地问：

　　"这怎么能叫《和谐》呢？"

　　毕加索笑着说："在和谐中，一切都是有可能的。"

　　这幅画似乎应该叫《不和谐》，因为它和我们固有的观念发生了冲突。

　　但毕加索这样画，主要是想打破世人对"和谐"所产生的僵化观念。和谐，并非外在世界没有冲突，而是自己的内心世界没有冲突。只要有一颗和谐的心，那么看起来再荒谬、再不顺眼的东西，也可以是和谐的。

和谐多来自不同，甚至是对立。像白天与黑夜、高山与大海、红花与绿叶、男与女，就是这些不同和对立的组合，让人赞叹自然的丰富、美妙与和谐。

这是思维习惯的问题，只有挣脱旧有的思维模式，我们才会发现，有悲欢离合、生老病死的人生，才是圆满、和谐的人生。

不同的人种、不同的价值观、对立的政治意见、南辕北辙的生活态度，都是构成社会丰富、美妙与和谐的必要素材。

就像被视为圆满和谐之象征的中国太极图，它不只是个"圆"而已，而是由两个互相对立的部分所组成的"圆"。

我不要求更大的花园，

但要求更好的种子。

——康威尔

华兹华斯的书房

主题　读书 学习

华兹华斯是世界知名的英国诗人和自然主义作家。

有一位华兹华斯的书迷，怀着虔诚的心，专程去拜访华兹华斯，想一睹他的风采，并当面向他请教。

华兹华斯刚好不在，应门的是他的一位女仆。

书迷怅然若失，但随即恳求："我不远千里而来，你是否能行个方便，让我参观一下你家主人的书房呢？"

女仆见他如此诚恳，不忍心拒绝，于是将他带到一个房间。

他在四壁都是书的房间里流连许久，忍不住向站在角落里的女仆赞美："我真是不虚此行，这是我见过最丰富、最美妙的书房。"

"这里只是我家主人放书的地方。"女仆微微一笑，回答，"我家主人说，户外才是他的书房。"

有的人抱怨自己没有书房，有的人抱怨自己的书房不够大，藏书不够多。其实，我们需要的不是更多的书、更大的书房，而是对书和书房更深刻的认知。

大自然才是最大、最美妙，也是尽情为每个人开放的"书房"。每一座山、每一条溪流、每一棵树、每一朵花、每一个人，都是一本"书"。

徜徉在大自然中，阅读这些自然之书，比阅读白纸黑字，能带给我们更真实、更美妙，也更深刻的体验。

你不在的地方，

是幸福的所在。

—— 修伯特

远方的呼唤

主题　珍惜

东京有一名中年男子，喜欢看艳舞。下班后，他经常前往各式的舞厅，去大饱眼福。他深深以为，这是他人生秘密幸福的所在。

其中，最让他感到心动的是号称来自哥本哈根的艳舞，每次都看得他心猿意马，而为之神往不已。

"不入虎穴，焉得虎'女'？"

于是，为了自己的幸福，他不远千里寻欢，搭乘飞机飞往丹麦的哥本哈根。

到了哥本哈根一看，他却发现，当地舞厅中最热门的艳舞竟然是号称来自日本的舞蹈。

人们总有一个奇怪的想法，认为"美好的东西似乎总是在遥远的地方"。远方，像一个神秘而充满诱惑的女郎，无时无刻不在呼唤着我们。

所以，大家总是想不远千里到"遥远的地方"去追寻什么。走更远的路、花费更多的心血所得到的东西，看起来似乎就显得格外珍贵。

　　住在北方的人，向往南方的烟雨朦胧；住在南方的人，对北方的大雪纷飞神往不已。大家觉得，似乎远方的景色才更美丽。

　　其实，"遥远的地方"是相对的，"美好的东西"也是相对的。就在我们身边，我们认为"没有什么"的东西，正是别人眼中"遥远地方的美好事物"。

　　那些去远方寻找幸福的人，是把幸福遗忘在了自己家里。

我必须自创一个体系，

或者受他人体系的奴役。

　　　　　　　　　　　　　　　　——布列克

烛光下的先知

主题　自我创造

小镇里住着一位先知。

　　一位异乡人来到先知的住处时，已是入夜时分。门开着，他唤了两声，无人应门，于是开门自行进入了房间。

　　那是一个很大的房间。一盏点燃着的煤油灯，就摆在离门口不远处的一张大桌子上，但桌边空无一人。

　　无数飞蛾绕着煤油灯的亮光飞舞。

　　慢慢适应屋内的明暗后，异乡人发现在房间深处的一个角落里，还有一张小桌子，桌上点着一根蜡烛。

　　先知就坐在小桌子前，对着烛光看书。

　　异乡人走过去，向先知致意后，疑惑地问道："先知啊，这烛光比起煤油灯的灯光黯淡许多，您为什么不在煤油灯下，反而在这里看书呢？"

　　先知抬起头，微笑着说："那盏较亮的煤油灯是我为了飞蛾而设的，这样我才能安静地在这里看书，不受干扰啊！"

异乡人这才发现，烛光虽然不太明亮，但周围的确连一只飞蛾都没有。

越炙手可热的位置、越一本万利的行业，就有越多的人竞逐，就像飞蛾绕着煤油灯飞舞。置身其中，就会不断受到骚扰。

不同的光，吸引不同的人。不愿与飞蛾共舞，争夺同一抹光束，你就要自觅光源，找个安静怡人的角落，点燃自己的蜡烛。

那盏蜡烛，也许不能大放光彩，但是能点亮一处干净、明亮，只照耀你一个人的地方。

要想了解一件事情，

你必须同时去看它的反面。

——摩尔

汽车与绵羊

主题　反向思考

一位经理开车去赶赴一个重要的约会。经过乡间小路时，他发现前方有一大群绵羊，挡住了他的去路。

　　小路两旁都是鱼塘，无法绕行，而几百头绵羊将小路塞得满满的，前进非常迟缓。

　　他不敢按喇叭，只能无奈地跟在羊群后面，缓缓向前行驶。小路似乎看不到尽头。时间一分一秒过去，他恐怕要赶不上那场重要的约会了。

　　就在他无计可施而越来越焦躁时，牧羊人走过来，敲了敲他的车窗，说：

　　"抱歉挡住了你的路，但请你关掉引擎，将车子停下来。"

　　这是什么意思？经理有点火大，但还是选择了先听牧羊人的。车子熄了火，牧羊人呼唤羊群，让绵羊们掉转过头来，然后赶着它们慢慢绕过了静止的汽车。

　　等到绵羊们都走到了汽车的后面时，小路前方豁然开朗，他终于如释重负，再度发动引擎，加速前进。

前途受阻，窒碍难行，让人苦恼。有苦恼就需要分析，需要反省。

开车人面对的问题是"如何将车子开到羊群的前方"。但他无计可施，只能干着急和懊恼。

这个问题的反面是"如何让羊群走到车子的后方"。而这正是牧羊人想到的方法，结果仅是简单地转换了一下思考角度，就顺利地解决了这一个看似棘手的问题。

"反省"人生，不只是"检讨"自己有什么不对而已，更要对自己受阻的人生进行"反向思考"，如此才能豁然开朗。

大家都想做另一个人，

只要这另一个人不是他现在的自己。

——林语堂

弗洛伊德卖纽扣

主题　专注当下

一个大学生在巨大的功课压力下，显得有点精神失常，一再说他"不想做自己"。

　　"你不想做自己，那你想做什么样的人呢？"学生辅导中心的老师问。

　　"我想做弗洛伊德。"学生的眼中散发出奇异的光彩。

　　弗洛伊德是精神分析学派的创始人，学养宏富，成就斐然，是二十世纪伟大的心理学家之一。

　　"你想做弗洛伊德，那你知道弗洛伊德想做什么吗？"

　　学生一下子愣住了，他似乎从来没有想过这个问题。

　　"弗洛伊德说他想去卖卫生纸、火柴或者纽扣。"辅导老师说。

　　学生的脸上出现惊讶的神色。

　　"你不想做你自己，弗洛伊德也不想做他自己。"

一九一〇年，弗洛伊德在从旅游地写给妻子的信里说："我实在不愿意做什么新心理学派的创始人，而宁愿去制造卫生纸、火柴、纽扣。"

不想做自己，而想成为自己羡慕的另一个人，是很多人秘密的渴望和心中压抑的痛苦。但你羡慕的某个人，他可能也不想做他自己，而想过另一种生活。

爱因斯坦也说："如果能回到从前，我宁愿做个水电工或摆地摊的。"

这其实是一种普遍的人性。每个人都渴望或羡慕去过跟当下不太一样的生活，每个人都想做比目前更高级或者更低级的事。

当你默默地羡慕别人的生活时，请不要忘了，别人也正默默地羡慕着你的生活。

深度就在表面。

——卡尔维诺

红杉的慧根

主题　交友 团结

在著名的加州红杉林面前，观光客们看着那高耸入云，如沉默巨人般的一棵棵红杉，有的瞠目结舌，有的惊呼出声。

"加州红杉是目前世界上最高大的植物，最高的红杉有九十米，相当于三十层楼的高度。"导游介绍说。

"能长得这么高，那它们的根一定很深吧？"一个观光客问。

"不！加州红杉是浅根型植物。"导游回答。

"那狂风暴雨一来，它们不是很容易就会被连根拔起吗？"另一个观光客问。

"这里面有一个奥秘，"导游说，"就像你们所看到的，加州红杉会成群结队地长成一片森林，在地底下，它们的根彼此紧密相连着，形成一片根网，面积可达上千顷。除非狂风暴雨大到足以掀起整块地皮，否则没有一棵红杉会倒下去。"

观光客们都因为这神奇的现象而陷入沉思之中。

"因为不必扎太深的根，红杉就将扎根的能量都用来向上生长。而且，浅根也方便它们快速、大量地吸收养分，这是它们长得特别高大的另一个原因。"导游说。

加州红杉的根，是"慧根"。

一个人如果能多交朋友，广结善缘，和别人紧密相连，互通有无，快速而大量地吸收各种信息"养分"，那他不仅可以在遇到狂风暴雨时，有支撑的力量，也能花更少的心血，长得更高、更壮。

慧根短浅，同样可以长成大器。

伟大的精神，

总是遭遇平庸之人的强烈反对。

——爱因斯坦

因为讨厌，所以买它

主题　接受变革

挪威的表现主义画家爱德华·蒙克，画风阴郁，画作内容恐怖。他那幅有名的《呐喊》，后来被很多人用来比拟精神病人的内心世界。

　　当他在德国举办第一次画展时，参观者和艺评家们无不以"令人厌恶和作呕"来形容他们的观感。最后，画展在开幕的第一天就黯然闭幕，可以说是完全的失败。

　　但后来，蒙克的画被誉为"伟大天才的不朽杰作"，变得炙手可热。有一个人因为收藏了不少蒙克的作品而赚了大钱。

　　有人问他："你为什么能高瞻远瞩、眼光独到，在大家都讨厌蒙克时，就先以低价收藏他的作品呢？"

　　"我就是因为讨厌，所以才买了它们。"他回答说，"当第一眼看到蒙克的作品时，我跟其他人一样，在情绪上都产生了很不舒服的感觉。但我的理智告诉我，既然我这么讨厌它们，那么将它们买下来就是正确的。"

任何突破传统观念的东西，在刚开始出现时，都会因令人讨厌而无法接受，但这往往只代表了多数人的固执守旧。

虽然新奇而令人讨厌的东西，并不见得都是"伟大"的，但所有"革命性"的伟大见解和创作，确实都是一切心灵的变革。

感情是念旧的，而理智则较愿意为创新铺路。所以，当我们的感情对某些新奇的东西产生嫌恶反应时，我们更要用理智来点醒自己："既然自己这么讨厌它，那么它有可能就是对的！"

前无古人，后无来者，

每个人都是宇宙的中心。

——赫尔曼·黑塞

宇宙新中心

主题　重视自己

传说中，古不列颠最富有传奇色彩的国王亚瑟王，小时候曾在偏僻的山野中跟随魔法师梅林学艺。

有一天，梅林带他下山，来到一个热闹的城市中游玩，这让他大开眼界。回到山林后，想起城市中的种种，少年亚瑟的心中一直闷闷不乐：

"我为什么要住在这么偏远的地方，过着远离城市中心的生活？"

师父梅林看出了他的心事。当亚瑟又站在高岗上，望着远方发呆时，梅林在他身后问他：

"你从这里往前看，穿越山林、陆地和海洋，前方有没有尽头？"

"没有尽头。"少年亚瑟回答。

"那从这里往后、往左、往右看，穿越山林、陆地和海洋，有没有尽头？"

"也没有尽头。"亚瑟回答，他不知道师父为什么问他这几个问题。

"既然四方都没有尽头，那你现在所站的地方，就是宇宙的中心。"梅林说。

少年亚瑟牢牢记住了师父的教诲。长大下山后，他干出了一番惊天动地的事业。他每到一个地方，那里就成为宇宙的中心。

在尘世的舞台上，当我们发现自己所住的地方、所扮演的角色，是属于"周边"地带，是绕着某些"中心"团团转时，我们难免会悲叹。

地球是圆的，地球表面上的每一个点，都可以是地球的中心，但同时也是另一个中心的周边。每一个人都是独一无二的，都是周边，但也都是中心。

就像对一个流浪汉来说，所谓"最高领导中心"，也不过是他的周边而已。

在心灵的广大视野中，每一个人都可以是宇宙的中心。

再怎么研究莎士比亚，

也无法产生另一个莎士比亚。

——爱默生

我学我师父

主题　创新

一位雕刻家成名后，很多人慕名而来跟他学艺。

有人问他："您的这套功夫是怎么学来的呢？"

雕刻家总是回答说："我学我师父的。"

但对雕刻稍有认识的人都知道，他的作品风格跟他师父的可以说是南辕北辙。因而又有人问："您跟您师父是如此不同，您怎么说是学您师父的呢？"

雕刻家笑笑，说："我说我学我师父，是因为我师父从来不学他师父，这就是我从他那里学来的东西。他是他，我是我。"

学习有两种，一是"学"，一是"不学"。

一些基本的知识和技巧，当然要向师父学习。但如果什么都学师父，那再厉害也只能是"师父第二"，及不上师父，因为没有一个学生能完全吸收师父的一切。

若什么都学师父，那人类文明只能停滞不前，甚至倒退。文明的进步来自创新，来自有些人"不学他师父"。

要想有所创新，成为你自己，开辟自己的一片天地，就必须和师父有所不同，必须在某些地方"不要学师父"。

这种"不学"，才是最值得学习的精神，也是学习的最高境界。

不要学师父，离开师父，成为你自己，方是成就自己，也是使师父同感荣耀的最好方法。

有时一扇门虽然关上了，

其余的门却是敞开的。

何不请他洗澡

主题　转换思维

有一个姓张的人，家里来了一位客人，张某留客人喝茶。

张妻开始烧开水，但家里实在没有茶叶了，她就暗中叫儿子到邻居家去借些茶叶。

水开了，儿子还未回来，张妻只好再加些冷水。这样水开了又加，加了又开，直到大水壶里的水加得满满的了，茶叶还没有借来。

张某既急又羞，脸上开始发红、冒汗。

这时，张妻笑着对丈夫说："这位客人是跟我们有交情的好朋友，既然无法喝茶，我们何不请他先洗个澡？"

美国科达公司有一位化学家，负责研发飞机驾驶舱里的一种抗热材料。

当他将一种化学原料涂在两个镜片之间，想测试它的透光度时，他却发现这两个镜片被紧紧黏住，怎么也分不开。

他懊恼地说："白白损失了两个昂贵的镜片。"

但他的主管却高兴地说："恭喜你！我们发明了一种强力黏合剂。"

这跟本来想请客人"喝茶"，结果却变成请他"洗澡"的点子一样，都属于"水平思考法"。跳出"垂直思考"的僵化窠臼，曲径通幽，亦可被称为"种瓜得豆法"。

做事情当然要有目标，但多数人都是"直肠子"，当事情往不可预料的方向发展时，就会因"目标破灭"而无奈叹息或痛苦悲泣。

其实，"此壶不开那壶开"，脑筋转个弯，说不定就能发现一个更美妙的结局。

最容易获得快乐的人最富有。

——梭罗

我们多么贫穷

主题　享受自然

有一个富翁，想让儿子见识贫穷人家的凄惨生活，于是把他带到乡下某个穷人的家里。

在那里过了一天一夜后，父子俩打道回府。

途中，父亲意有所指地问儿子说："你觉得这趟旅行如何？"

"很好啊！爸爸。"儿子愉快地回答。

"现在你知道贫穷是什么滋味了吧？"父亲将话题引到他的目的上头。

"是的。"儿子说。

"那你学到了什么呢？"父亲关切地问。

"我发现我们家只有一条狗，但他们家有四条狗；我们家有一个游泳池，但他们家有一片十倍大的水塘；我们家花园里有国外进口的灯饰，但他们家可以看到满天的星斗；我们家的天井直通前院,但他们家的门前视野辽阔，一望无际。"

儿子说完后，父亲阴沉着脸，沉默不语。

儿子于是说出了自己的结论："谢谢爸爸！让我有机会了解我们是多么贫穷！"

富有不在于"拥有"多少，而在于能"享有"多少。不管一个人拥有多少资产，和自然资源相比较，他都还是非常非常贫穷的。

就像苏东坡所说："惟江上之清风，与山间之明月，耳得之而为声，目遇之而成色，取之无禁，用之不竭。是造物者之无尽藏也，而吾与子之所共适。"自然美景无穷无尽，且没有归属，人人都可以享受。

那些汲汲营营于积攒财物，而没有时间享受自然的人，才是真正贫穷的人。

清楚地陈述问题，

你就解决了问题的一半。

—— 查尔斯·凯特灵

电梯太少人太多

主题　多角度看问题

在一栋摩天大楼里只有两部电梯，不管上楼或下楼，都要等上老半天。

大楼内好几家公司的员工都纷纷向老板抱怨，电梯太少了，已使大家视上下楼为畏途。这样不仅会消磨大家上班的热情，甚至还会影响到公司的业绩。

老板们开会研商对策。大家都认为电梯实在太少了，那怎么办呢？似乎只有再增加电梯这一条途径。

老板们请工程师来对大楼进行了评估，发现只能在户外加设两部电梯，但所需的费用相当庞大。老板们都觉得要他们再出这笔钱实在有点为难。

就在情况陷入僵局时，有一位公司主管突然灵机一动，说："员工们抱怨的主要是等电梯让他们等得不耐烦，如果能消除他们这种不耐烦的情绪，那也许就不用增设电梯了。"

大家在朝这个方向去思考后，想出了一些改善的办法：

在每个楼层的电梯入口旁设一两面镜子，同时提供传递各种信息的广告牌（每日更新），让等候电梯的员工可以整理一下仪容，或是浏览广告牌上的各类信息。

大家因为"有事可做"，就不再像以前那样不耐烦了，抱怨的声音也就平息了。

有了问题，就要想办法解决问题。但在想出解决办法之前，应该多花点时间从各种角度去分析问题，看看问题的本质究竟是什么。

对问题的不同界定，会产生完全不同的解决方法。与其急着去解决问题，不如先解决"问题是什么"这个问题。

天堂气候好，

地狱伙伴多。

———马克·吐温

或此或彼

主题　得失　本心

有一位贤人，过着清贫而不求闻达的生活。他住在一间破屋里，每日闲云野鹤，以白饭和青菜果腹，徜徉于山林之间，悠游自在。

他有一位邻居，不学无术，却经常往来于王宫与权贵之家，每天过着锦衣玉食的生活，住的是豪宅，吃的是国王和权臣们赏赐的山珍海味。

有一天，这位邻居以同情的口吻对贤人说：

"你只要肯多向我学习如何奉承权贵，卑躬屈膝一点，那你就能像我一样享受荣华富贵，不用再过这么清苦的生活，每天住这么破的房子、吃这么糟糕的食物。"

"照你这样说，"贤人回答，"你只要肯多向我学习如何以青菜和白饭维生，安贫乐道一点，那你也就能像我一样，不必再去奉承权贵，终日对他们卑躬屈膝。"

天堂是乐，地狱是苦。但就像马克·吐温所说的那样，地狱也有地狱的乐处，而天堂也有天堂的寂寞。

有的人富贵荣华，有的人安贫乐道。每一种生活都有其利弊得失，当你享受所"得"时，也必将承受所"失"。

不要只看到自己"没有"的东西，却忘了自己"已有"的东西。不要只希望自己能"获得"什么，却没想到自己将因而"失去"什么。

重要的是顺从自己的真性，过自己想过的生活。

要是罗马人得先学好拉丁文，

他们大概没剩多少时间征服世界。

——海涅

时间之缸

主题　善用时间

有位时间管理专家,在演讲时做了一个别开生面的示范。

　　他将如拳头大的石头一块块地放进了一个大玻璃缸里,直到石头与缸口齐平。然后他问听众:"缸子放满了吗?"

　　在听众一片"放满了"的声音中,他扬扬眉毛,说:"是吗?"说着,他又拿出一堆玻璃珠大小的碎石子,一个个塞进大石头的缝隙里,直到塞不下。然后他再问听众:"这样满了吗?"

　　"也许还没满。"听众学乖了,有人这样回答。"很好!"专家说着,又拿出一桶沙子,将沙子倒进玻璃缸中,填满石子间的缝隙。他再问:"这样满了吧?"

　　"还没满!"有个听众大声说。"很好!"专家面露赞许之色,再拿出一桶水,将水倒进玻璃缸中,让水填满石子和沙粒的缝隙,直到水溢出了玻璃缸才停下来。

　　"你们从我的示范表演里学到了什么?"专家回到讲桌

前问道。

一个听众站起来，热情而兴奋地说："不管你的时间表排得有多满，只要你愿意，你还可以塞进另外一些东西。"

"不对！"专家摇摇头，说，"它最大的启示是，如果你不先将大石头放进玻璃缸里，而是先放碎石子、沙子或水，那你就没有办法放进这么多的大石头了。"

善用时间，不是将时间填满而已。如果你在安排时间时，总是先做些琐碎的小事，那你就没有什么时间去做真正重要的事情了。

一颗井然有序的心灵，知道事情的优先级。聪明的时间管理，就是按事情的重要性，将它们依序放进时间之缸里。

在这个世界上，

你必须成为你希望看到的改变。

——甘地

足下与世界

主题　改变自己

很久以前，人类都还赤着双脚走路。

有一位国王到某个偏远的乡间去旅行，乡间的路面崎岖不平，有很多碎石子，刺得他的脚板又痛又麻。

回到王宫后，他下了一道命令，要将国内的所有道路都铺上一层牛皮。他认为这样做，不只是为了自己，还可以造福他的人民，让大家走路时都不再受刺痛之苦。

但即使杀尽了国内所有的牛，也筹措不到足够将王国内所有道路都铺满的牛皮，而这个过程中所花费的金钱、动用的人力，更是不知凡几。虽然根本做不到，甚至还相当愚蠢，但因为这是国王的命令，大家也只能摇头叹息着遵从。

一位聪明的仆人大胆地向国王建言："国王啊！为什么您要劳师动众，牺牲那么多头牛，花费那么多金钱呢？您何不只用两小片牛皮包住您的脚呢？"

国王听了很惊讶，当下便醒悟过来，于是立刻收回了成命，改而采取了这个建议。据说，这就是"皮鞋"的由来。

想改变世界，很难；想改变自己，则较为容易。

与其改变全世界，不如先改变自己——"将自己的双脚包起来"。

改变自己的某些观念和做法，来抵御外在的阻挠。而当你改变自己之后，你眼中的世界自然也就随之改变了。

如果你希望看到世界改变，那么你首先必须改变你自己。

智慧的第一步，

是懂得什么事不必去思考。

——斯诺

射飞镖买股票

主题　不要想太多

一九六七年六月，美国的《富比士》杂志负责人一时心血来潮，投资二万八千美元买了二十八家上市公司的股票（每家一千美元）。

他们并未分析各上市公司的本益比（股价除以税后纯利所得的值），也没有请教什么股票经纪人，而是将《纽约时报》的股票版钉在墙壁上，用掷飞镖的方式乱射，射中哪家公司，就买该公司一千美元的股票。结果在十七年后，这二万八千美元的股票增值为十三万一千六百九十七美元，获利百分之四百七十，换算成利息的话，平均每年有百分之九十五的复利。根据经济学家马其尔的分析，在同一期间内，只有极少数几家共同基金的获利能力比它好。

也许有人会认为这只是"运气好"，但马其尔的进一步分析显示，以计算机随机购买股票所得到的结果，跟《富比士》杂志差不多，而且大大超越了由专家所操纵的共同基金。

股市瞬息万变，因太过复杂而难以做出有效的分析和预测，很多专家对昨天的股市"为什么"会涨或跌，分析得头头是道，但对于他们所预测的明天、下个月、明年、五年后股市的涨跌，如果长期记录追踪下去就会发现，那恐怕跟"随机选择"的成功概率差不多，甚至更差。

　　乐透彩票的幸运数字也是一样的，费尽心力、求神问卜获得的结果，还不如"计算机选号"来得好。

　　很多事情就像股票市场或乐透彩票一样，你做再多的思考、再多的分析，都只能提供给自己"有深度的幻象"，但是这些都"没有用"。你唯一该做的就是"不用再想"，要就要，不要就不要，不必为它们做无谓的操心。

当你能够超越事物的对立，

你就已经达到了慈悲。

——坎伯

慈悲的真谛

主题　平等

有一位男士，偶尔起个大早，就会被妻子拉去附近的小山上散步。

某天清晨，当妻子想再邀请他去爬山时，她却发现他躲在书房里看书。对于妻子的邀约，他义正词严地拒绝说：

"一日之计在于晨。一大清早就去爬山散步，老实说，让我有某种罪恶感。"

妻子听了，先是一愣，然后笑着说："你对时间太不慈悲了，也对自己太不慈悲了！"

慈悲的精义在于"平等心"，不要有"分别心"。时间虽无生命，但何需加以"分别"？它也可以成为慈悲的对象。

"一日之计在于晨"这个观念，虽然意在勉励，但清晨的一分钟何曾比下午或晚上的一分钟更多？这是对时间的分别心，也是对时间的不慈悲。

读书有读书的优点，爬山也有爬山的好处，认为读书比爬山高贵，这是对事情的分别心，也是对事情的不慈悲。

对时间和事情不慈悲，结果使"清晨去爬山"这件单纯的事染上了"罪恶感"的色彩，这是迷障，也是对自己的不慈悲。

晚上的时光和清晨的时光同样可贵，读书和爬山同样美好，什么时间做什么事都可以，也都同样可贵与美好，这才是对人生所做的真正"慈悲的珍惜"。

超越一切对立，自然无时无事，莫不欢喜。

《浮士德》在结尾处没有给出答案，
让我印象非常深刻。

—— 荣格

答案不一样

主题　变化 成长

爱因斯坦曾在普林斯顿大学任教，每当学期终了，他也要出一些考题。

某次考试前几天，有位学生匆匆跑来找爱因斯坦问道："教授，听说您今年出的考题跟去年一样？"

"没错。"爱因斯坦回答。

学生立刻喜上眉梢，因为他已将去年的考题答案背得滚瓜烂熟。

"但是答案跟去年不一样。"爱因斯坦又加了一句。

人生，不断提出各种问题，等待我们的回答。

比如，"宇宙存在的目的是什么？""生命的意义又是什么？"问题虽然相同，但每个人的答案不一样，每个时代的答案也都不一样。

问题不变，答案一直在变，因为回答的人一直在变。

对生命的诸般问题，如果我们现在的答案跟小时候一样，那表示这么多年以来，我们的心灵和见识可能都没有什么成长。

如果我们今年的答案，是在抄袭去年别人的答案，那表示在这个宽广的世界里，我们竟要活在别人的阴影中。

所有值得思索和探索的问题，都是没有标准答案或终极答案的。

"我想成为什么样的人？""我想过什么生活？"请你自己去寻找答案，而且，相信你每隔一段时间就会找到不同的答案。

≋ 卷二　心灵的夏耘

063　要浇灌果树，不要浇灌荆棘。

鲁米

Summer weeding of the heart

WATER

THE

FRUIT TREE

NOT

要浇灌果树
不要浇灌荆棘。

THE

THORNS.

阳光照射之处，

连脏东西也会闪闪发光。

—— 歌德

生命的魔灯

主题　认识自我　完善自我

有一位旅人，到一个历史悠久的古老城市去旅行。在参观完古迹后，他走进老街的一家珍奇古玩商店中。

店内有点阴暗，杂乱地陈列着各种雕像、饰物，让人仿佛走进了时光隧道中。他在一个精致的木盘上看到了几颗形状不一的矿石，矿石看起来灰灰暗暗的，一点也不起眼，甚至可以说有点丑陋。

店主走过来，说："这些矿石可是稀世珍宝啊！"

旅人露出不信的笑容。

于是店主去拿了一盏灯过来。在灯光的照射下，那些原本平凡无奇的石头，一颗颗竟发出闪耀炫目的异彩。

旅人不禁惊叹出声。那不起眼的石头果真竟是稀世珍宝。

生命也需要一盏这样的魔灯。只要拿魔灯一照，原本看起来平凡无趣、黯淡无光的生活，立刻为之改观，变得多姿多彩、璀璨夺目。

这也正是歌德所说的"阳光"。

但魔灯在何处？阳光从哪里来？

原来它们就在我们心中。只是很多人心中的光在漫长的生活中被慢慢消磨，变得微弱或熄灭了。

要想让自己心中的灯再度大放光明，我们就必须为它添加新的油料。

对万物，

重要的不是看，而是怎么看。

——亚里士多德

手表里的玄机

主题　观察

如果你是一个戴手表的人，那么请你不要看手表，回答下面三个问题：

1. 你手表上表示小时的数字是阿拉伯数字、罗马数字、斜线或黑点？

2. 你手表表面上的十二个数字是都一样，或者是 3、6、9、12 这四个数字用不同的符号表示？

3. 你手表的表面是什么颜色？时针、分针和秒针又是什么颜色？

作答时间约为一分钟（自己思考，勿看手表）。回答完毕后，再看看你的手表，核对答案正确与否。

如果三道题你都答对了，那么恭喜你，你是个有"特殊眼光"的人。根据专家的调查，大部分的人在回答这些问题时，都出现了一些错误。

一个人一天看手表要看上几十次，一年会看上近三万次，而手表的面积不过手掌的四分之一，这样的观察次数相对于这样的大小来说是相当丰富了。但大部分的人对戴在他们手上，每天看上近百次的手表，却非常"陌生"。

为什么呢？因为大家在看手表时，只是想看时间。就是这种"实用"的态度，让人忽略了关于手表的其他百分之九十的信息。

生命之所以会沦为无趣，就是因为我们只有"一种"眼光。要让生命变得有趣，需改用不同的、欣赏的眼光去看待万事万物。那么，就从重新认识你的手表、计算机、牙刷等各种生活用品开始吧！

不要看到花圈，

就四处寻找棺材。

——艾伦·曼肯

蜜月中的灵车

主题　预示

神话学家约瑟夫·坎贝尔的妻子，是他教过的一名女学生。婚前，坎伯在纽约的某条街上租了一间小屋，作为他们婚后的爱巢。

步下红毯后，坎贝尔和妻子兴冲冲地前往新居，准备在那里度过他们期待已久的蜜月。

就在抵达那条街时，一辆灵车突然从路旁闪出，直直开到他们面前，挡住了去路。坎贝尔有点惊讶，因为他以前从未在这一带看到过灵车。

意外出现的灵车到底意味着什么呢？坎贝尔当下觉得这肯定是一个预兆，然后他高兴地对新婚的妻子说：

"这辆灵车的出现，预示着我们会永远相爱，直到老死。"

事实就是如此。坎贝尔和妻子结婚半个世纪，恩爱无比，是人人羡慕的神仙眷侣。他们真的"永远相爱，直到老死"。

生活里充满了各种"暗示"和"象征"。

灵车，给人不祥的暗示。在结婚时碰到灵车，很多人认为是"犯冲"。即使人们不认为那是对婚姻和新人的恶兆，也会联想到"结婚是恋爱的坟墓"这句老话，而让人大皱眉头，心神不宁。

坎贝尔也产生了联想，也认为它是个预兆。不过他却做了一个不同流俗的解释。

暗示或象征，跟"神话"一样，都来自人们丰富的想象，并没有真假或对错的问题。既然是"神话"，那就要发挥自己丰富的想象力，将它们说得更动听一点、浪漫一点。

美是到处都有的，

对我们的眼睛，

不是缺少美，而是缺少发现。

——罗丹

美丽新世界

主题　发现美

意大利导演费里尼有一位一见如故的朋友。有一天，两人因谈到北极而提起了海豹，朋友忽然深情款款地说：

"海豹那温润柔和的目光，就跟我太太一样。"

费里尼一听，觉得有点惊讶。因为从来没有人这样来形容海豹的眼睛。不过他说，从那时候起，他对海豹的感觉就不同了。

自那以后，他每次看到海豹，就会想起朋友的话。他发现海豹的眼睛真的很美，"里面有种摄人心魂的甜蜜"。

一个慕名而来的人到瓦尔登湖畔拜访梭罗。木屋内的蚊子很多，来人问：

"这么多蚊子，嗡嗡飞个不停，您不觉得吵吗？"

"你仔细听，它们像吹奏出最优美曲子的号角一样感动我。那简直是荷马的哀诗！"梭罗侧着头说。

"它们就是伊利亚特与奥德赛，在空中唱着自己的愤怒与漂泊，其中有着某种属于宇宙性的东西存在。"

无法发现周遭世界的美，是因为我们缺乏艺术家和诗人的慧眼与慧心。

艺术家和诗人，凭着他们丰富的想象力，描绘出一个我们想象不到的神奇天地。我们可以通过他们的眼睛和心灵，来重新认识海豹、蚊子，还有周遭的一切。

当我们的眼睛越来越像诗人和艺术家的眼睛时，我们的世界就会变得越来越神奇与美丽。

要浇灌果树，

不要浇灌荆棘。

——鲁米

白狗与黑狗

主题　　乐观 积极

一个乡下老人，因心情沉重，家人便陪同他到城市里去看精神科医生。

　　老人无法具体描述自己的症状，只能用象征的方式说：

　　"医生，我的心中有两条狗，一条是白狗，一条是黑狗。它们经常打架，让我左右为难，心情沉重，不知如何是好。"

　　精神科医生了解地说："放心，那条白狗会赢。"

　　老人问："您怎么知道的？"

　　医生说："只要你经常喂它，它就会赢。"

　　每个人的心中都有一条白狗和一条黑狗。

　　白狗代表善良、乐观、快乐、爱、光明等想法；黑狗则代表邪恶、悲观、痛苦、恨、黑暗等想法。

　　它们经常发生冲突，不断在我们的心里打架。一会儿白狗占上风，一会儿黑狗占上风，让人身心俱疲。

袖手旁观，只会坐受池鱼之殃。我们必须介入其中，必须去喂那只代表善良、乐观、快乐、光明与爱的白狗，让它战胜内心的邪恶。

　　遇到事情，多朝善良、乐观、快乐、光明的一面去想，就是在喂养白狗。将白狗养得白白胖胖的，你才能成为一个快乐的人。

凡事看得太严重，

最后你将病得很重。

——温斯丹

勋爵的伤口

主题　幽默感

夏普是一位英国的外科名医，有一天，他被急召去诊治某位据称"伤势严重"的勋爵。

　　当他匆匆赶到勋爵的宅邸后，发现勋爵不过只是轻微的皮外伤而已。但他还是拿过纸笔，匆匆开了个药方，并吩咐勋爵的仆人：

　　"你赶快到药房去拿药，跑着去！"

　　勋爵听到这急促的吩咐后，吓得脸色都发白了，紧张地问夏普医生：

　　"我的伤口看起来很严重吧？"

　　"是的，如果您的仆人不赶快将药拿回来的话，我担心……"夏普医生沉吟。

　　"将会发生什么事？"勋爵惶恐地问。

　　"我担心，在他赶回来之前，您的伤口已经愈合了！"

马克·吐温曾语带调侃地说："我的一生，大都在忧虑从未发生过的事。"

人生不满百，常怀千岁忧，多数人都有着过多的忧虑，更会夸大自身的忧虑。

勋爵眼中的"大难临头"，在夏普医生的眼中不过是"芝麻绿豆"。夏普医生的表现或许有点不符合医生常有的严肃，但这种幽默感恰到好处地缓解了过多的忧虑。

幽默感正是减轻心理负担，让自己放轻松，治疗身心大小伤口、化解人生各种忧虑的最佳"解毒剂"。

如果人生像开车行驶于崎岖不平的路上，那么幽默感就像避震器，可以让我们减少沿途的颠簸之苦。

小伤口和小忧虑需要小幽默，大伤口和大忧虑则需要大幽默。

心啊，请安静坐着，

不要扬起尘埃，让世界找到来你这里的路。

—— 泰戈尔

苏黎世何时抵达火车

主题　静心

爱因斯坦年轻的时候住在瑞士的苏黎世。

有一天，他从外地搭火车返回苏黎世。在检票员过来验票时，爱因斯坦问道："请问苏黎世何时抵达火车？"

检票员一下子愣住了，还以为遇到了一个疯子，板着脸说："如果你问火车何时抵达苏黎世，那还要三十分钟。"

这也是一种"相对论"。是火车抵达苏黎世？还是苏黎世抵达火车？那要看你怎样去想了。坐在火车上，看着窗外的景物向我们走来又走开，一个个车站也是这样，走来又走开。

每个人在回忆中，不是都看着自己过去到过的地方、见过的人，一一"向自己走来"吗？回忆之所以让人觉得美好，就是来自这种静观自得，静观自在。

"无须离开你的房间，只需持续地坐着倾听；甚至无须倾听，只需单纯地等待；甚至无须等待，只需学着坐下来，不动而孤独，世界就会主动来到你的眼前，等待你去发觉。无须任何抉择，无尽的喜悦便会自你脚底涌起。"

小说家卡夫卡如是说。

红尘滚滚，不是自己在外四处奔波，而是"四处奔波到我眼前来"。如此静观自得，静观自在，一切便会尘埃落定，我心便会干净、澄明。

世上没有卑贱的职业，

只有卑贱的人。

——林肯

三个石匠

主题　热爱工作

一位意大利学者，有一天在罗马街头漫步，看到一座正在兴建中的大教堂，几个石匠正在工地上敲打石块，于是走过去和他们攀谈。

第一个石匠一脸沮丧地说："我每天都在重复这种单调而又吃力的工作，看来是要干一辈子，做到死为止了。"

第二个石匠露出笑容说："工作虽然辛苦了点，但幸好有这份工作能让我养家糊口。每当我领了工钱回家，看到全家人衣食无忧，和乐融融，就感觉自己再怎么辛苦也是值得的。"

第三位石匠一脸兴奋地说："这份工作确实既辛苦又单调，但一想到自己居然能够参与建造这座宏伟的大教堂，我就感到无比的荣幸。"

每个人都渴望自己能从事伟大而体面的工作，但到头来，绝大多数人所做的只是平凡而枯燥的工作。

安于平凡，固然是安身立命之道，但如果能赋予自己的工作伟大而崇高的意义，满怀欣喜地去完成它，则会让你的生活更加幸福圆满。

一份工作，你可以满腹牢骚地去做，也可以心花怒放地去做。要怎么做，全靠你自己的心情。同样是在敲打石块，三个石匠赋予这份工作不同的意义，这使他们在工作时的心情截然不同。

重要的不是我们从事什么工作，而是我们赋予工作什么意义。

没有无趣的工作，只有无趣的人。

没有平凡而卑微的工作，只有平凡而卑微的观点。

在良心许可的范围内，

尽可能地疯狂。

——坎贝尔

达利的秘密武器

主题　标新立异

萨尔瓦多·达利是一位具有非凡才能和想象力的超现实主义画家。

　　第一届国际超现实主义艺术展在伦敦举办时，主办单位邀请达利上台演讲。当达利进入会场时，所有的听众都吓了一跳。

　　他们看到的是一个穿了一身潜水衣，头上戴着一个用汽车散热器盖子做的头盔，手里还牵着两条俄罗斯猎狼犬的"怪物"。

　　达利上场没多久，就因为这身装扮而呼吸困难，当场昏倒。结果，一场演讲变成了一场急救表演。果然非常"超现实"。

　　有一天，达利将左脚的鞋子穿到了右脚上，右脚的鞋子穿到了左脚上。他四处走动，还故意引人注意他的鞋子。

　　"你这又在搞什么噱头呀？"朋友皱着眉说。

"喔，不！"达利一脸严肃地说，"我是想有新的感受，激发新的灵感。"

达利喜欢标新立异，但他并不是为了哗众取宠，而是为了打破旧有的知觉习惯，让自己产生新的感受，从而激发新的创作灵感。

心理学家威廉·詹姆斯说："天才，事实上跟以非习惯性的方式去知觉事物相差无几。"达利大概就是这种人。

虽然并非人人都是天才，但人人都可以借着改变习以为常的行为来产生新的知觉感受，比如改用另一只手做事，将手表戴到另一只手上，理个光头，在阳台睡觉，等等。

标新立异一下，对自我和生命的感觉就会不同。

一百担忧虑，

也偿还不了一盎司的债务。

——英国谚语

你紧张个什么劲

主题　别烦恼

摩西向他的朋友亚伯拉罕借了一百英镑，约定要偿还的日期就在明天，但摩西现在连一个英镑也没有。

当晚，摩西为此而烦恼得睡不着觉，在床上翻来覆去。最后他爬下床，在房内来回踱步，苦思对策。

"你到底在干什么？还不赶快来睡觉！"摩西的太太蕾贝克在床上吼道。

于是摩西将他的烦恼告诉了妻子。

蕾贝克听了，说："你这个傻瓜！今天晚上睡不着而起来走来走去的，应该是亚伯拉罕啊！你紧张个什么劲？"

人无远虑，必有近忧。也许是当初思虑不周，才有今天的忧虑缠身。但当麻烦已经迫在眉睫时，再多的烦恼也已经无济于事了。

为某件事而烦恼，就如同在原地绕圈子，或者像坐在摇椅上，一颗心左右摇晃，七上八下，让你觉得自己似乎"正在做某件严肃的事"，实则根本没有前进半步，不仅一点帮助也没有，而且还相当累人。

这不是在暗示你可以"借钱不还"或"债多不愁"，而是想提醒你，烦恼最伤身体。

有人做过实验，三个小时的烦恼所带来的"疲倦感"远比三个小时的工作多出许多。所以，还是将烦恼抛到九霄云外去吧，早早上床，睡个好觉，明天有了充沛的精神和体力，要道歉、要打架，或者要多赚几块钱，会更像个样子。

熟悉，

生出轻蔑和小孩。

夫人织毛线

主题　思变

英国剧作家萧伯纳，著作等身、才华横溢而又幽默风趣。

有一天，一个友人到萧伯纳家中做客。萧伯纳滔滔不绝地对友人谈起一则轶闻，内容精彩绝伦，友人听得津津有味。

但坐在一旁的萧伯纳的妻子夏绿蒂正忙着织毛线，似乎没有工夫听。

"你是在织什么吗？"友人忍不住关切地问。

"喔！没有什么，我并没有特别想织什么。"夏绿蒂抬起头来说。

"只是，他讲的这些故事我已经听了快上千遍了，听得烦死了！如果我手上不忙着织毛线，就会忍不住去掐住他的喉咙！"

即使像萧伯纳这样才华横溢、幽默风趣的人才，也会有让妻子感到厌烦的时候，更何况我们普通人呢？

不仅爱情如此，其他事物亦是如此。

　　一成不变，一再地重复，尽是些老套的东西，那一开始再新鲜、再有趣的东西也会让人日久生烦。

　　就好像下班回家的路，如果一二十年都是以同样的方式走同样的路，那即使沿途的景色再优美迷人，也会让人变得麻木无感。

　　变化，则能让人耳目一新。大变化也许不易得，但换一个发型，回家走不一样的路，穿不同风格的衣服，等等，生活细节上的小小变化，也都能让心灵对那隐藏的秘密与未知的奇妙，重新焕发热情。

每一个出口，

都是通往另一个地方的入口。

——汤姆·斯托帕德

你想到了什么

主题　得失

大侦探福尔摩斯和好友华生到野外露营。半夜，两人同时醒来。

　　福尔摩斯问华生："你看见什么了？"

　　华生："满天灿烂的繁星。"

　　福尔摩斯："那你想到什么呢？"

　　华生："我想到上帝所创造的宇宙浩瀚无际，无始无终，实在太神奇、太伟大了。那你又想到了什么呢？"

　　福尔摩斯："我想到我们的帐篷被人偷走了！"

　　如果不是帐篷被偷，又怎么能有半夜醒来，就看到满天灿烂繁星这种美妙的体验呢？它让人想起一首日本俳句：

　　我的栈房既已焚毁，
　　就没有东西妨碍，
　　明月的景色。

"塞翁失马，焉知非福？"凡有所失，亦必会有所得。在这里失去的，将会从别的地方获得补偿。

　　既然已经来到了"出口"，就不必再为无法重新进入而捶胸顿足。抬起头来向前看，因为它其实是通往另一个地方的"入口"。

　　与其为无法挽回的"失"而懊恼，不如张开双臂，去迎接即将到来的"得"。

心情愉快，

让人更能做复杂与弹性的思考。

——丹尼尔·戈尔曼

多一点幽默，多一点创意

主题　幽默激发创意

心理学家卡尔·邓克尔曾做过如下一场实验。

他找来一群背景与学识差不多的人，将他们分成三组。让第一组先看一部幽默的影片，第二组看一部跟数学有关的影片，第三组则做一些身心松弛的运动。

然后，发给三组的每一个人一根蜡烛、一根火柴及一盒大头钉，让他们将蜡烛固定在软木制的墙壁上，然后点燃蜡烛，但不能让烛油滴落到地上。

这需要一点创意。

解决的方法是，先用大头钉将装大头钉的盒子钉在软木墙上，作为烛台，然后将蜡烛直立地固定在烛台上，再将其点燃。

邓克尔的实验结果发现，事先看过幽默影片的那一组，有数量最多的人想出这个具有创意的方法。

邓克尔认为,幽默影片使得观赏者的心情变得轻松愉快,而轻松愉快的心情有助于人们激发创意思维。

但幽默不只是让人心情愉快而已,幽默本身其实就反映了一种创意思考的方式。

一件事、一个动作、一句话能够让我们会心一笑或捧腹大笑,通常是因为它朝我们原先"意想不到的方向"发展,而这个"意想不到的方向"跟创意息息相关。

也正因为如此,很多极具创意的大师,比如诺贝尔物理学奖得主爱因斯坦、费曼等人,也都颇具幽默感。

轻松一点,幽默一点,不仅黑白的人生会变得更加多彩,更能为自己棘手的问题找到一些好点子。

嘲笑自己的人，

别人不会嘲笑他。

——犹太格言

丑得身不由己

主题　自嘲

美国总统林肯在漫长的从政生涯中，曾遇到过不少政治敌手。有一次，史蒂芬·道格拉斯说他有"两张脸"，暗讽他表里不一。

林肯回答说："如果我有两张脸，那我一定不会戴上这一张。"

大家听了，都不禁莞尔。因为林肯长得很丑，他拿自己的容貌来进行自我调侃，轻松化解了政敌对他的恶意讽刺。

长得丑却又必须经常抛头露面，很多人对此深感为难，但林肯有他的应对之道。

有一次，林肯在对群众发表演讲时说：

"有时候，我觉得自己好像一个丑陋的人在森林里漫步时遇到了一个老妇人。

"老妇人说：'你怎么长得这么丑？真是我见过最丑陋

的人！’

　　“‘我这是身不由己呀！’我只能这样回答。

　　“‘你这样说就错了，’老妇人说，‘至少你可以选择待在家里不要出门呀！’”

　　听众们听了无不哈哈大笑，不仅不再嘲笑他的长相，还对他四处奔波的“辛劳”多了一分同情和感动。

　　不必对自己的缺陷和弱点遮遮掩掩，越遮掩就越暴露自己的可怜相。内心坚强和对自己充满信心的人，在尴尬的场景中会先拿自己的缺陷开玩笑。你嘲笑自己，别人就不会再嘲笑你。

　　能够自嘲，不仅是一种建立良好的人际关系的方法，同时还可以激励别人。这正是林肯既可亲又伟大的原因。

快乐不是目标，

它是一种副产品。

——埃莉诺·罗斯福

追尾巴的猫

主题　寻找快乐

一个人在面见大师后，提出他的问题：

　　"大师啊！我一直想要快乐，但却无法得到快乐，请问我要如何找到快乐？"

　　大师的房间里刚好有一只猫。猫的尾巴很长，它正转头在追逐自己的尾巴，一副旁若无人的模样。

　　"你看看这只猫，你觉得它快乐吗？"大师问。

　　那人看着猫。猫一直在追自己的尾巴，忙得团团转，却永远抓不着。不过它看起来似乎很快乐的样子。

　　他有所领悟而想要回答大师时，猫却停了下来，拖着尾巴步出了房间。

　　"快乐就像猫的尾巴，"大师说，"当你追逐它时，你永远抓不到它。但如果你不理它，你走到哪里，它就会永远跟在你的后面。"

快乐不是在我们的前方，需要我们刻意去追逐的目标，而是我们到某些地方，遇到某些人，做了某些事后，"尾随而来"的"副产品"。

　　我们甚至不必问快乐在哪里，当你问"我这样到底快乐不快乐"时，通常就是你不快乐的时候。

　　越追逐快乐，越想得到快乐，你就越无法快乐。只有不理会它，"蓦然回首"，你才能发现自己已经乐在其中。

宇宙臣服于宁静的心灵。

——苏菲派箴言

遗失的宁静

主题　内心宁静

一位木匠在工坊里刨木材，地上堆满了木屑。

当他想看时间时，突然发现自己的那个老式怀表不见了，既不在身上，也不在工作台上，显然是掉到了木屑堆里。

他心急地在木屑堆里寻找，但木屑堆积如山。他东翻西找，找了老半天，还是找不到，不禁口出怨言。

吃饭时，他向妻子提起此事。妻子在饭后走进工坊，帮他寻找。没一会儿工夫，妻子居然就找到了怀表。

木匠又高兴又惊讶："你是怎么找到的？"

妻子说："我只是静静地坐在地上，一会儿，我就听到滴答滴答的声音，便知道怀表在哪里了。你太心浮气躁了，越急，当然就越找不到。"

周遭的环境越来越纷扰不堪，有人说它已"失去"了往日的宁静。但实则，我们所遗失的是自己内心的宁静。

木匠找不到遗失的怀表，就是因为他遗失了宁静的心。

保持内心的宁静，那么外界的纷纷扰扰，就会缓慢下来、沉淀下来，而臣服于你的知觉。

车流中此起彼落的喇叭声，在一个心灵宁静者的耳中，听起来也会像一首悦耳的交响曲。

如果总是惶惶不可终日，觉得自己的生命中好像"遗失"了什么，那你遗失的往往就是一颗宁静的心。

在静寂中，

你的心将知晓日与夜的秘密。

——纪伯伦

竹笋与莲花

主题　用心倾听

世界顶尖的华裔建筑师贝聿铭，少年时代住在上海时，母亲偶尔会带他到山顶的寺院过隐居般的生活。寺院的晚上一片静寂，没有一点声音。

　　有一晚，在破晓之前，躺在床上的贝聿铭听到窗外传来一种非常奇特、非常美妙、类似呻吟的声音。

　　"那是什么声音？"他睁大眼睛问母亲。

　　"那是新笋同时从土里抽芽冒出地表所发出的声音。"母亲悄悄说。

　　也许那种声音太美妙了，贝聿铭后来在谈起母亲时说："能听到这种声音是母亲送给我最好的礼物。"

　　日本大导演黑泽明听别人说，莲花要开的时候，会发出一种让人说不出的舒服的声音。为此，某天一大早，他专程来到不忍池，坐在静寂的池边倾听。

在黎明前的晨雾笼罩下，他真的听到了那种声音。

他说："虽然声音不大，但在黎明前的晨雾中，那种声音听来有一种沁人心脾的感觉。"

乔治·艾略特说："如果我们对寻常生活保持敏锐的观察与感受，我们就会听到小草的生长与松鼠的心跳声。"这也许稍显夸大，但我们的确应该对生活保持敏锐的观察与感受，多多地去倾听。

倾听，不是要到声多音杂的地方去听各种声音，而是要到安静的地方——安静的场所和安静的心。因为，最美妙的声音来自最安静的地方。

每个人都有好几张脸。

节俭而无知的人，却从来不换他们的脸。

——赖内·马利亚·里尔克

换一张脸

主题　尝试不同的"我"

天寒地冻，零下十摄氏度。一个印第安巫师脸上戴着神灵面具，手上拿着象征神力的法器，从一户人家跋涉到另一户人家，给人治病。

随行的是来自约翰斯·霍普金斯大学研究巫术的人类学家。人类学家一身厚重的毛衣，印第安巫师却袒胸露背，似乎一点也不觉得冷。

进入一户人家后，巫师问了病人一些问题，然后赤手伸进火炉中，取出热灰，似乎一点也不觉得痛，他一边念念有词，一边将灰烬撒在病人的身上。

事后，人类学家好奇地问："你怎么能既不怕冷又不怕热呢？"

巫师指了指自己脸上的神灵面具，说："你不晓得这个面具让我感到多么温暖，多么坚强有力啊！"

每个人的内心都潜藏着多重样貌，具有各种潜能。每个人都有好几张"脸"，每一张"脸"都能召唤出另一个自我。

神灵的面具召唤出巫师内心深处如神一般的特质，使他做到了平常做不到的事。当他换了一张"脸"后，就等于换了另一种心灵。

有一种心理治疗方法叫"面具疗法"，精神科医生会让抑郁症病人戴上笑匠卓别林的面具。卓别林的面具就好像巫师的神灵面具，能"唤醒"病人心中被压抑的幽默与喜感，而使他的言行举止不再那么了无生气。

总是戴着那个被叫作"我"的面具，直到僵硬甚至麻木，那些不同于"我"的其他特质就无法出头。所以，不妨摘下这个"我"，换上另一张"脸"，不仅会让自己变得更有趣，也会让人生更加丰富。

有节制的享乐，

是双重享受。

——赫尔曼·黑塞

结束的机会

主题　适可而止

美国参议员克劳德·斯旺森很擅长演讲，也很喜欢演讲。

有一次，有人请他在宴会上发表一场演说。他讲得滔滔不绝，越讲越起劲儿，简直是欲罢不能，远远超过了主办单位给他限定的时间。

会后，他还陶醉在自己的精彩演说里。在走廊上，有一位老太太走过来与他握手致意。

斯旺森忍不住问她：

"夫人，您觉得我今天讲得如何？"

"你讲得很好。"老太太说，"只是你错过了好几次机会。"

"什么机会？"斯旺森好奇地问。

"结束的机会。"

每个人都有各自喜欢做的事，有的雅致，有的狂野，虽各不相同，但自己乐在其中，浑然忘我。

沉溺，并无雅俗之别。但沉溺，存过度之嫌。

我们需要做的，是从沉溺中清醒过来，发现它已远远超过自己原先所预定的时间或数量，已经常惹来他人的责备，或者伤害了自己的身体，因而产生玩物丧志的悔意，做出适可而止的改变。

对自己喜欢做的事，重要的不是如何开始，而是如何结束；不是克制自己不做，而是要适可而止。

适可而止，虽然意犹未尽，但正可以给下次的开始预留美好的期待，而且为自己能够节制的意志感到某种尊严、某种光彩，这才是"双重享受"。

智者，

是对一切都感到惊奇的人。

—— 安德烈·纪德

平凡中见神奇

主题　创意

伽利略在年轻的时候，有一天到比萨大教堂里去望弥撒。

一盏吊灯在教堂的穹顶上来回摇晃，很多人看了一眼就转开了视线，而伽利略却着迷似的看着那不停摇晃的吊灯。

他伸出右手按住左手腕，利用自己的脉搏来测量吊灯摆动一次的时间。

结果，他发现了物理学上著名的单摆运动定律——吊灯摆动的幅度虽然逐渐缩小，但每次摆动的时间保持一定。

多才多艺的达·芬奇，他的住处因屋龄老旧又有点渗水，墙壁上出现了大大小小的污渍。达·芬奇经常出神地凝视它们。

"你是在面壁苦思什么呢？"有人不解地问他。

"我觉得这些污渍像是各种风景，有高山，有河流，有岩石，有树木，将墙壁点缀得十分美丽。还有，你看看这两块，它们多么像两个正在战斗的人呀，各有着奇怪的脸孔和服装。"

达·芬奇看着墙壁，喃喃说："这对激发心智，从事创造十分有用。"

"创意"，指的就是这种从平凡中看到神奇的能力。

想做有创意的人，并非要到匪夷所思的地方做出人意表的事，而是要不断开发自己从平凡中看到神奇的能力。

芝兰生于深林，

不以无人而不芳。

—— 孔子

无人自芳

主题　坚持自我

一个登山客，走进人迹罕至的山野僻地，突然闻到一股幽香。他寻香辨位，在岩壁的湿苔下，发现一朵小野花。

他从未看过这么清秀的花，也从未闻过这么淡雅的香味，他甚至不知道它的名字。

野花孤零零地绽放着，他突然有一种遗憾的感觉，为它秘密的、深深的寂寞感到遗憾。

他是否该将它摘下来，带回城市，让世人欣赏它的美丽与清香？

但最后，他还是站了起来，默默地和野花道别，继续他的行程。因为他想起了爱默生的一首诗：

杜鹃花！如果有智者问你，

何以在天地间虚掷你的美？

告诉他们，如果眼睛是为了看见而生，

那么美本身就是它存在的理由。

为什么你会在这里？啊，美如玫瑰的杜鹃花！

我从来未曾想到去问，也永远不知道答案。

只是，以我单纯的无知来猜想，

是引我来到此地的力量也带来了你。

　　兰生幽谷，无人自芳。花儿不会因为没有人欣赏，就放弃它的美丽和芬芳。人生在世，也不必因为没有人欣赏，就放弃自己的善良和纯真。

≋ 卷三　意志的秋收

129　在宇宙的伟大诗篇中，我必须找到属于自己的故事。

史威登堡

Autumn harvest of will

IN THE

GREAT POETRY

OF THE UNINERSE

I MUST

FIND

MY OWN STORY.

在宇宙的伟大等待中
我必须找到属于自己的故事。

一片树林里分出两条路，

——而我选择了人迹更少的一条。

——罗伯特·弗罗斯特

旅人与地图

主题　体验新事物

艳阳高照的午后，两个旅人在三岔路口相遇，并一起来到路边的大榕树下休息。

　　旅人甲喝了口水，从口袋里拿出地图，端详良久，说：

　　"我要去往东边这条路，会经过一座禅寺，看到一道瀑布，穿越一大片香菇寮白毫（一种茶叶），然后到达我今晚要落脚的小镇。"

　　想象旅途上即将见到的景观，他心里有一种期盼。

　　旅人乙说："我们的方向不同，我想往西边那条路去。"

　　"西边？那里有什么好看的吗？"旅人甲看看旅人乙的地图，说，"奇怪了，我这张地图上怎么没有标明它要往哪里去呀……"

　　然后旅人甲就抱怨起他的地图来："现在的地图真是华而不实。明明有路，却不标明路上有什么。你有往那条路去的地图吗？"

"我没有地图，"旅人乙站起来，微笑着说，"也不需要地图。"

　　"没有地图的地方，才是我想去的所在。"

　　有人选择走通往热门景点的宽阔大道，只要按图索骥，他就能成竹在胸，游刃有余，看到他想看的景观，体验到他想体验的心情。

　　这就是他的旅行，他的人生。

　　有人在端详地图之后，会抛开所有的地图。他想自己踏出一条地图上没有标明的路径，寻找地图未曾标出的新景观，留下自己的足迹，并为后人绘制一张新地图。

　　这才是他的旅行，他的人生。

如果理念与现实矛盾，

那就改变现实。

——爱因斯坦

另类神枪手

主题　　适合

有一位军官，某日骑马经过一个村庄，发现谷仓外有数十个用粉笔画成的小圆圈，每个小圆圈的正中心都有一个弹孔。

　　他感到非常惊讶，于是下马询问村民："想不到贵村中居然有这样的神枪手，他到底是谁？"

　　村民看了一眼那些圆圈和弹孔，淡淡地说："哦，那是大柱子的杰作。"

　　"他是怎么练就这等好身手的？"军官好奇而急切地问。

　　村民笑说："啊，大柱子是在射击后，再拿粉笔在弹孔周围画圆圈的。"

　　有一位拉比（犹太教牧师）很会讲道，深得信徒敬仰。一个年轻的学者请教他：

　　"为什么您每次讲道，都能讲一个恰到好处的故事？"

　　拉比说："啊，我不是先拟好主题，再去找故事，而是先有了故事，再去找能配合它的主题。"

人生就好比一个大靶场，别人或我们自己竖立了一些目标，就像靶场里的标靶。

每个人都必须上场打靶。但因为个人的气质不同、技能有别，有的人枪枪都能命中红心，便总是眉开眼笑、意兴风发；有的人再怎么苦练射击，也无法命中红心，而只能愁眉苦脸、唉声叹气。

这时，不妨学学大柱子或拉比，换个地方，换个方法。

不要削足适履，硬是扭曲自己的气质和技能，去迁就不适合我们的目标，而是要先认识自己的气质和技能的特点，自行寻找能配合它们，让它们发挥所长的目标。

那个地方才是你人生的靶场。

这样，你枪枪都能命中红心。

在宇宙的伟大诗篇中，

我必须找到属于自己的故事。

——史威登堡

日出少年

主题 内心的自我

选定的时刻已经来临。

一个苏族印第安青年，正在斋戒沐浴，洗刷掉自己身上的尘灰后，他从家里出发，独自前往附近最高的山峰。

他选择在日出的肃穆时刻，登上峰顶。在那里，他独自迎接晨曦的第一道光芒，俯视大地，静默地面对"大神秘"，仔细地观看和倾听着。

经过一天一夜，在神圣的恍惚状态中，他仿佛听到神灵开始对他说话，指示他的命运，告诉他如何安排此生，在万丈红尘中走出自己的路。

然后，他的心中满溢着生存的活力，他怀着无比幸福的心情下山，开始了人生的新征程。

他不会告诉任何人"大神秘"所赐给他的启示是什么，但他将听从它。因为那是他和神灵间特殊的契约。

这是苏族人迈入成年期的一个重要仪式。

"听到神灵对他说话"，其实是在恍惚状态中听到自己"内在的声音"或"灵魂的召唤"，也就是自己内心深处真正的渴望。

不同的场景，召唤出不同的渴望，创作出不同的人生剧本。

每一个人都要创造一个故事。

想要有一点格局和境界，就要走出房间，告别墙壁，走进大自然，站在高山之巅、汪洋之前，看着日出或日落，在宇宙的伟大诗篇中，聆听、谱写属于自己的生命乐章。

群山之间最短的距离是从顶峰到顶峰，

只是你必须有足够长的腿。

——尼采

秘方的用途

主题　见多识广

春秋时代，宋国有一户人家，有一份祖传的能让手脚在寒冬不会皲裂的秘方。这户人家世世代代就靠着这份秘方配制药膏，得以在冰冷的河里漂洗丝絮，养家活口。

有一天，来了一个外地人，听说了这种神奇的药膏，出价一百两黄金，说要买配制药膏的秘方。

户长召集族人商议，说："我们家世世代代以漂洗丝絮为业，工作辛苦而收入非常微薄，现在只要卖出药方，立刻就可以获得一百两黄金，我看就卖了吧！"

族人都表示赞同，于是将秘方卖给了那位外地人。

外地人在得到药方后，就从宋国来到吴国，游说吴王说这种不让手脚皲裂的药物在军事上会有很大的用途。刚好吴国的世敌越国出兵来犯，吴王遂采纳了他的建议，根据秘方大量制造这种药膏。凭借药膏，吴军在冬天和越军进行水战时，大败越军。

那个外地人，因此得到吴王的封赏，获得了大量的土地。

这个故事出自《庄子》。庄子说："同样是让手脚不会皲裂的药方，有的人用它来得到封赏，有的人却只能用它来漂洗丝絮，这是见识的问题啊！"

仅靠埋头苦干，不见得能出人头地。高瞻远瞩的见识，往往要胜于苦干。就像尼采所说的，一个人要有"足够长的腿"，才能高瞻远瞩，行走于巅峰之间。

但要想做到高瞻远瞩，有"足够长的腿"，并不见得要四处去旅行。

所谓"见多识广"，一个人要"识广"，必须先"见多"。多读书，多接触各种信息，了解各种人和各种事，也能见多识广。

哥伦布发现新大陆，

靠的不是航海图，而是信心。

——乔治·桑塔亚纳

迷雾中的岛屿

主题　相信幸福

传说，远方的海上有一座神秘之岛。一个人只要踏上该岛，就能够目睹迷人的景象，得到珍贵的启示，了解人生幸福的真谛。

但这座神秘岛永远被笼罩在广阔无际的浓雾中，让人难以一窥其究竟。每一个扬帆出海，想去寻找它的人，最后都在浓得化不开的雾里迷失了方向，只得失望地返航。

大家慢慢认为，所谓神秘之岛，纯属子虚乌有，根本就不存在。相信它而想去寻找它的人越来越少。

有一天，从外地来了一个年轻人，他也想去寻找传说中的神秘之岛。

在扬帆出海前，他问海边的一个老人："老人家，您看过的船比我见过的人还多，请问神秘之岛真的存在吗？我又要如何寻找到它？"

"神秘之岛的确存在。"海边的老人说，"但要找到它，靠的不是罗盘，而是信心。你必须先坚决相信它是存在的。只有有了这个坚定不移的信念，才能使海上的浓雾化开来，而让神秘之岛清晰地呈现在你眼前。"

幸福，就像迷雾中的岛屿，让人心生渴望，但也心存怀疑。在因渴望而追求一阵子后，我们难免会怀疑，我真的能追求到幸福吗？甚至怀疑，真有幸福这回事吗？

当怀疑产生时，幸福似乎就变得更为遥不可及了。

只要心里有一丝一毫的怀疑，海上就会升起迷雾，追寻者怀疑越深，迷雾就越重。

只有吹散自己心头的迷雾，坚决相信幸福的存在，幸福才能浮现于眼前，来到你的身边。

因为没有替代方案，

而使我的心灵显得无比清晰。

——亨利·基辛格

芝诺的感谢

主题　专注

希腊哲学家芝诺，经常在雅典的市场里讲授他的哲学。

开始时，芝诺只是将此当作业余爱好，因为他有一艘货船，运货的收入使他衣食无忧，也使他反而更像个生意人。

有一天，他的货船在暴风雨中沉没了。当不幸的消息传来时，在市场讲授哲学的芝诺竟松了一口气。

"命运之神啊，真是谢谢您！托您的福，今后我只能以哲学为追求，也只能靠此维生，别无他法啦。"

芝诺说："您令我毫不犹豫地下定决心，真让我万分感谢。"

只剩哲学一途的芝诺，遂因此专注于此，最后成为有名的斯多葛哲学学派的创始人。

"脚踏两条船""狡兔三窟""凡事为自己留条退路""此处不留人，自有留人处"。有人觉得这样比较保险。

同时拟定好几个方案，这个方案行不通，就立刻拿出另一个方案。有人认为这样才是足智多谋。

这当然也有些道理。但另有一个道理是：太多的退路，往往只会让人感到犹豫和彷徨，无法专心一志；太多的方案，在一个方案还未贯彻前，就想试试另一个，只会徒然增加自己心灵的负担。

更多时候，对于更多事情，最好的方法往往是：好的方案，一个就已足够。

小人物看大人物，

只看得见他们能看到的那一部分。

——赫尔曼·黑塞

多出一点点

主题　战胜劣势

在"全球最深地底洞穴探险成功"的庆祝酒会上，一位记者走向刚刚完成此项壮举的探险家，说："您这种大无畏的精神实在令人又钦佩又羡慕。"

"我一点也不'无畏'，"探险家笑说，"当我自己一个人在黑暗的地洞深处时，我心里其实怕得要命！"

听他这样说，记者觉得有点尴尬，以为他是言不由衷。

"虽然我很怕，"探险家接着严肃地说，"但我的勇气又比我的恐惧多出一点点，所以我才能继续前进。"

有些人不仅让人羡慕，而且让人敬佩，因为他们看起来总是那么勇敢、那么善良、那么意志坚强，而让我们自惭形秽，觉得自己与之相差太多了。

其实，这是我们把他们看得太片面，或者说，看得太"扁"了。

我们看不到一个"勇者"的内心如何挣扎，如何以他的勇气战胜恐惧；我们看到的只是他挣扎后的结果，然后据此以为他"无畏"。这就是把他看"扁"了。

勇气如此，善良如此，意志坚定也是如此。

不必渴望自己做个"没有"什么缺点或弱点的人，而是要让自己另外的可以克服缺点和弱点的特质"多出一点点"就好。

成为英雄，是因为他的优点比弱点多出一点点。而我们，就是差那么一点点。

鞋匠的美德，

就是把鞋子做好。

——叔本华

裁缝与上帝

主题　热爱工作

某人来到一家西服店定做两条西装裤，但足足等了六个星期才拿到裤子。

　　裤子虽然做得不错，但他还是忍不住向裁缝抱怨："上帝只花了六天就创造了世界，你做两条裤子却花了六个星期！"

　　裁缝骄傲地说："但是你瞧瞧，上帝所创造的世界乱成什么样子，怎么能跟我做的裤子相比？"

　　美国马萨诸塞州州长赫特在竞选连任时，参加了一个宴会。

　　宴会上，女侍者夹了一片鸡肉放到他的盘子里，饥肠辘辘的他要求女侍者多给他一片。女侍却正色说："抱歉，每个客人只能拿一片。"

　　赫特有点恼火："难道你不认识我？我是州长，这个州归我管的。"

　　女侍者也义正词严地说："这里的鸡肉可是归我管的。

现在请您往前走。"

上帝的美德是把世界安排好,裁缝的美德是把裤子做好,州长的美德是把州治理好,女侍者的美德是把鸡肉分配好。

裁缝与女侍者,职业虽平凡,但也可以具有比上帝和州长更高的美德。

热爱自己的工作,看重自己的工作,并将它做好,让自己成为上帝和州长的榜样,就是伟大的人。

一个残疾人，只要用对方法，

也可以击倒一个动作错误的运动员。

——培根

少年柔道王

主题　善用缺点

某家柔道馆里有一位独臂的少年学徒，他在车祸中失去了左手臂。

　　虽然他拥有旺盛的学习心，但在拜师进馆三个月后，师父只教了他一个招式。

　　有一天，他忍不住问："师父，您教的这一个招式，我已经练得滚瓜烂熟了，您是否可以再教我其他招式呢？"

　　师父微笑回答："这一招是你唯一需要学习的。招式不在多而在精，你只要继续练习，深入体会这一招的精微奥妙之处，就已足够。"

　　少年相信了师父的话，继续苦练这一招。

　　一年后，他去参加少年柔道比赛。虽然只学了一招，但却宛如奇迹出现一般，他由初赛进入决赛，打败了无数双手健全、经验也非常丰富的好手，最后勇夺冠军。不仅观众看得目瞪口呆，连少年自己也难以相信。

在拿着奖杯回家的路上，少年忍不住问："师父，为什么我只学了一招，就能打败这么多人？"

"你会赢有两个原因，"师父意味深长地说，"第一，你学的这一招是柔道中最难的一招，而你已经将它练得炉火纯青了。第二，要防卫或破解这一招，对方必须抓住你的左手臂，而你没有左手臂。"

每个人都有弱点。爱迪生的弱点是耳聋，但他能善用他的弱点。他说耳聋可以使他不必听多数人所说的废话，而能更专心于工作。

如何善用自己的弱点，将它转换成别人无法拥有、无法打败的优势，这才是生命中真正的"柔道"。

在时间的大钟上只有两个字

——现在。

——莎士比亚

当下之水

主题　享受当下

阿尔图罗·托斯卡尼尼是举世闻名的指挥家。他的人生阅历丰富，到过很多地方，指挥过很多乐团，见过各种名流显要。

　　他八十岁时，有一天，他的儿子好奇地问他："在您这一生中，一定有过很多重大的事，您觉得您做过最重要的事是什么？"

　　托斯卡尼尼回答说："我现在正在做的事，就是我一生中最重大的事，不管是在指挥一个交响乐团，或是在剥一个橘子。"

　　鲁思·库克是一位九十九岁的长寿老人，为此，某家媒体特别为她做了人物专访。

　　记者问她："听说快乐是长寿的秘诀，在生命中，什么事能让您感到快乐？"

库克笑着回答说："现在和你谈话，就让我快乐。我对当下正在发生的事都感到快乐。"

过去已成泡影，未来纯属虚构，只有现在才是唯一的真实。

禅师劝人活在当下。要怎么活在当下呢？把此刻正在做的事都看成是最重要、最珍贵、最让人快乐的事来做，就是活在当下。

一颗活在当下的心就像水一样，不是静止不动，而是流变不居。当水在瓶子中时，它就成为瓶子的形状；在杯子中时，它就成为杯子的形状。

当水在瓶子中时，它不仅忘记了自己在杯子中的模样，而且将自己充盈、布满整个瓶子，不留一丝空隙。

将心化为水，我们就如饮生命的活泉。

我相信幸运，而且我发现，

我工作越认真，我的运气就越好。

——勒考克

幸运儿的秘密

主题　越努力，越幸运

美国著名的社会批判学家米尔斯，每天都要搭乘往来于纽约时代广场和中央车站间的地铁。

当乘客在时代广场下车后，地铁会在站里停一两分钟，等候乘客，然后再开往曼哈顿东站。

经常坐同一班车的米尔斯发现，列车长有时候会多等几秒钟，让晚到的乘客能赶上这班车；有时候则径自关上车门，不等那些晚到的乘客。

某一天，米尔斯忍不住向列车长道出了自己的疑惑。

列车长回答说："我喜欢帮助那些努力赶车的人，看他们很认真地跑过来，我就会等他们而让车门多开几秒钟。但如果他们是慢条斯理地走过来，一副赶得上赶不上这班车都无所谓的样子，我当然也不想理睬他们，就让他们搭下一班车好了！"

"幸运"的一个含意是"遇到贵人"。

　　在人生的旅途上，如果你想要成为"幸运儿"，经常遇到"贵人"，就得先让自己表现出"可贵"之处。

　　如果你表现出自己正尽力而为的冲劲儿，那就会有更多人乐意帮助你。

　　如果你自己都意兴阑珊，提不起劲儿，那还有谁想帮助你呢？

既然失败的原因来自别人，

那么成功的功劳当然也应该属于别人。

—— 牛顿

失败之城

主题　虚心检讨

夏日的黄昏，一个少年和一个老人来到一座城市。

走在铺着石板的大街上，少年发现，每块石板上都刻了字。上面写着"命运""贫穷""敌人""父母"……

龙飞凤舞的字迹无限延伸，在夕阳的映照下，给人一种辉煌的美感。

"这到底是什么意思呢？"少年不解地问。

"这里是失败之城，"老人看着那些石板，眼中流露出几许苍凉，说，"每条大街上都铺满了美丽的借口。"

为自己的失败找借口，将它归咎于"自己"之外的人或其他因素，虽然可以维护自尊，保持颜面，而且似乎较不会使自己再度尝试的雄心遭受挫折（不是自己无能，都是别人害的），但其实不然。

这是在模糊焦点。

将过错转移到别人身上，那么这些人接下来要走的"成功之路"，显然就是去对付那些"阻挠"自己的障碍，这就有点搞错方向了。

如果认为成功是自己的功劳，那么失败的原因当然也在于自己。只有虚心检讨自己，谋求自我改善之道，才有成功的希望。因为你不能改变别人，你所能改变的只有你自己。

失败，只是有理由让我们再度尝试。无法正视自己的失败，不想承担失败的责任，那才是真正的失败、最大的失败。

乐观者看到一个甜甜圈，

悲观者则看到一个窟窿。

——威尔逊

破了一个洞

主题　寻求突破

某男士喜欢公司里的一个女同事，两人约了几次会，女同事对他也有好感，但因为他个性内向害羞，因此两人的关系一直没有很大的进展。

　　后来，这位女同事想另谋发展而辞职了。在离开公司前，她向那位男士说了声"再见"，并默默交给他一封信。

　　男士满怀期盼地打开信，却发现那只是一张白纸，中间还有一个用手指戳破的洞。

　　"这是什么意思呢？"他左思右想，一颗心慢慢往下沉。

　　"一定是要我'看破'吧！"思及此，他就像被戳破而泄气的皮球，万念俱灰，也不敢再和对方联络了。

　　两年后，他忽然接到那位女同事的电话。她说她要结婚了，然后幽幽地问："有一件事我一直想问你，两年前我给你的那封信，不知你看了没有？"

　　"看了啊！"男士无奈地回答，"你不是要我'看破'吗？"

"啊？"电话中传来女方懊恼的声音，"我的意思是要你能有所'突破'。我以为你……想不到……"

　　人生至此，似乎多多少少也有些"破"洞。

　　有人看着他破了洞的袜子而唉声叹气；有人数一数他袜子上的破洞，高兴地说，这是他的"高尔夫球袜"，因为两只袜子刚好有"十八个洞"。

　　与其早早"看破"，不如寻求"突破"。

乐观的人，

在每一次忧患中都能看到一个机会。

—— 普拉斯

诺贝尔的"洞见"

主题　灵感

诺贝尔因一心想发明更好的炸药，而在实验过程中，发生工厂被炸毁、亲人丧生的不幸事件。

在工厂被炸后，瑞典政府禁止他重建。但诺贝尔不死心，改到湖上的一艘驳船上继续他的实验（万一再发生意外，伤害波及的范围会比较小）。

有一次，他在运送硝化甘油时，油桶还未装上船，不知怎么回事，油桶的底部居然破了个洞，在搬运时，硝化甘油全都流到了沙滩上。

"真倒霉！"诺贝尔看着空空的油桶，像多数遇到这种情况的人一般咒骂了一声。

但他并没有因此而"看破"，反而产生"突破"的想法：

"既然硝化甘油能制作炸药，那沾满硝化甘油的沙子能不能造成爆炸呢？"

他将这些沾满硝化甘油的沙子带回去做实验。结果发现，它们居然也会爆炸，而且效果比原先的更好、更稳定。

经过数次实验，他终于用硝化甘油和干燥硅藻土的混合物，制造出不仅威力强大，而且可以安全运送的"黄色炸药"。

破而后能立。这就是诺贝尔发明"黄色炸药"的灵感来源——来自一个"破了洞"的油桶。

"透过同一个窗口，有人看到地上的污泥，有人看到天上的星辰。"

重要的不是"洞"，而是能因此产生什么"洞见"。

真理非常简单，

以致常被视为虚伪的陈词滥调。

—— 哈马舍尔德

人间秘法

主题　身体力行

从前，在杭州吴山的山脚下，有人摆了一个摊子，贩卖各种秘法。既然是"秘"法，为了达到神秘的效果，他将每种秘法都用信封密封起来，要价一百钱。

　　有一位书生从山下经过，花了三百钱买了三条秘法，分别是"持家必发秘法""喝酒不醉秘法"和"生虱断根秘法"。卖秘法的人将三个信封交给他时，一脸神秘地说："这些秘法都非常灵验，你千万不能随便传授给他人。"

　　书生喜滋滋地将秘法带回家，躲在秘密的地方打开来一看，发现"持家必发秘法"里写的是"勤俭"，"喝酒不醉秘法"里写的是"早散"，"生虱断根秘法"里写的则是"勤捉"。

　　这算哪门子的"秘法"？他不仅失望，更为自己花了冤枉钱感到悔恨，于是怒气冲冲地前去找那个小贩理论。但走到半路时，书生仔细一想，这些"秘法"虽然是陈词滥调，却也都是千古不变的道理，只好作罢。

人们秘密地渴望各种秘密的方法。"联考必胜秘籍""投资理财秘诀"……任何东西，只要加上一个"秘"字，都会让人眼睛为之一亮。

看到别人成功，大家最想知道的是他成功的"秘诀"或者"快捷方式"。当对方说他成功的秘诀是"努力，努力，再努力"时，大家虽然面上都认同地点头，但心里难免会感到失望，总觉得他"留了一手"，好像"隐瞒"了什么"不传之秘"。

但真理其实非常简单，毫无"秘密"可言。问题就在于你是否真的有觉悟，然后确确实实地去身体力行。

我们从不了解自己到底有多高，

直到我们被迫站起来。

——狄金森

逼出来的歌手

主题　尝试

二十世纪三十年代，有个年轻黑人在洛杉矶的一家酒吧里当钢琴手。他钢琴弹得很好，颇受顾客称赞。

　　有一晚，当他像往日一样弹完一曲后，有个客人忽然大声叫嚣说：

　　"喂！我不想再听你弹钢琴了，我想听你唱歌！"

　　黑人钢琴手显得有点尴尬，迟疑地说："我不唱歌。"老板只请他来弹钢琴，他为什么要唱歌？他又不是卖唱的。

　　但客人坚持要他唱歌，两人僵持不下。最后，客人向酒吧老板抱怨："钢琴我听烦了，我要那个家伙唱歌！"

　　于是老板向黑人钢琴手吼道："如果你想拿到薪水，现在就去唱歌！客人要你唱你就唱！"

　　黑人钢琴手无奈，就唱了一首《蒙娜丽莎》。他不是不会唱歌，只是从未在大庭广众之下唱过歌。

　　想不到一首歌唱完，酒吧里的客人都如醉如痴，对他报以热烈的掌声，他们从来没有听过有人以这种方式唱《蒙娜丽莎》，而且将它唱得这么好听。

第二天，这个年轻黑人就开始在酒吧里边弹钢琴边唱歌。他很快就走红了。

这个男人，就是在二十世纪中叶，美国家喻户晓的爵士歌手耐特·金·科尔。

因为隐而未显，所以才叫作"潜能"。

潜能不是我们坐在那里，它就会自动跑出来，潜能是被召唤出来的，甚至是被逼出来的。如果不是那位客人坚持要他唱歌，科尔也许永远都只是一个籍籍无名的酒吧钢琴手。

如果有人逼我们做新的尝试我们又无法拒绝，那不妨趁此机会试试看，也许他就是让我们的某种潜能大放异彩的"开膛手"。

敢于做个傻瓜，

是迈向智慧的第一步。

——亨尼科

有人说你傻

主题　真正的聪明

智者纳斯鲁丁曾是人人眼中的傻瓜。无论何时，只要有人拿两个一大一小的铜板给他，他总是选择那个较小的铜板。

　　一位好心人士看了不忍，对他说："纳斯鲁丁啊！你应该要拿那个较大的铜板，这样你才会得到更多的钱，而人家就不会再笑你是个傻瓜了。"

　　"你这么说的确有道理。"纳斯鲁丁回答。

　　"但是如果我选择拿较大的铜板，人家就不会因为想证明我是个傻瓜而再给我钱了，那我就连一个铜板也得不到了。"

　　没有人喜欢被认定是个傻瓜。但实则，古有明训，"大智若愚"，那些被认为是傻瓜的人，可能才是真正的聪明人。

　　如果有人说我们肚子会痛，我们通常只会一笑置之，因为我们知道自己的肚子究竟有没有在痛。他爱怎么说，随他去。

　　但如果有人说我们是个大傻瓜，我们就会感到愤怒，认为那是奇耻大辱。

这不是因为我们更看重智力，而是因为我们对自己的判断或选择是否"明智"，无法像肚子痛那样确定。也就是说，对于自己是否真的是个"傻瓜"，我们可能有点怀疑，有点心虚，于是就用"愤怒"来掩饰自己内心的不安。

真正的聪明人不会说别人是"傻瓜"，也不怕别人说他是个"傻瓜"。

相信自己的判断，安于自己的选择，就是聪明人。

你越追蝴蝶，就越抓不着；

你安静坐下来，它也许会停在你身上。

——纳撒尼尔·霍桑

考场里的奇迹

主题　　心境开阔

布莱德雷是美国的一名五星上将。但当年报考西点军校时，他却是以"吊车尾"的成绩被录取的，差点就无法实现他的军人梦。

当时西点军校的入学考试，要连续考四天，每天考一科，每一科的时间长达四个小时。布莱德雷在考数学的时候痛苦得很。因为在作答了两个小时后，他算了算自己有把握得分的部分，只有二十分而已，但及格分数是六十七分。

他心急如焚，但很多用来计算的公式都忘记了，怎么想也想不起来。在绞尽脑汁、饱受煎熬后，他陷入了绝望，觉得自己根本不可能考到及格分数，他是无缘进入梦想中的西点军校了。既然如此，还待在考场里做什么呢？

于是他带着一丝苦笑，收拾起考卷，想提前离场。当他走到监考官那儿，准备交卷时，却发现监考官正全神贯注地看着书。他不好意思打扰他，就又拿着考卷回到自己的座位上，心想还有时间，不妨就再努力一下吧。

结果，有如奇迹发生一般，他刚刚怎么想都想不起来的数学定理和公式，都一一浮现于脑海中。于是他有如神助，振笔疾书。而他的数学成绩也因此勉强及格，这使他如愿进入了西点军校。

很多东西，你越在意，越想得到它，它就会离你越远。

俗话说："有舍才有得。"这个"舍"不是完全弃绝，而是看开一点，不要执着，不要钻牛角尖。一旦你"看开"了，心里就会"豁然开朗"，那梦寐以求的东西反而会出其不意地出现在你眼前。

信念，不是没有证据的相信，

而是没有保留的信任。

——艾尔顿·特鲁布拉德

先知的质问

主题　　信念

接连好几个月干旱不雨，使得某个山村的农作物几乎全部枯萎，村民们不仅收成欠佳，而且因为缺水皮肤都变得干巴巴的，愁容满面。

他们听说不远的山上住着一位先知，能知晓过去与未来，而且拥有秘术，经常带来奇迹。

村民们想求先知向老天祈雨，于是集结在一起，带着礼物，上山去拜访先知。

在抵达先知的住处，说明来意后，先知闭上眼睛说：

"抱歉，我无法给你们带来奇迹。因为你们不虔诚，对我没有信念。"

村民们惶恐着辩解，说他们就是因为相信他，所以才有这么多人走这么远的山路来见他，而且还带了这么多礼物，怎么能说不虔诚呢？

先知看了那些礼物一眼，说：

"你们若真的相信我，那你们应该带雨伞来！"

　　因为不知道自己盼望的事情会不会发生，才有所谓"信念"的问题。

　　信念，是相信"它"会发生。

　　但若深入探寻，一般人的"信念"其实都经不起考验，都只是嘴上说说而已，心里依然有着很大的保留和深深的疑问，甚至是完全不相信。

　　先知说得没错，如果村民真的相信他能祈雨，会让老天降雨，那么他们的确是该带雨伞来，以免回去时被淋湿。

　　如果没有用行动来表示我们的信念，那"信念"不过是说给别人听的漂亮话，或是对自己的呓语而已。

失败是成功的调味品。

——杜鲁门·卡波特

爱迪生的失败

主题　正视失败

爱迪生在发明电灯的过程中，经历过无数次的失败。

有人说他总共经历了一千两百次的失败。

于是有个记者向他提出了这样的问题：

"请问您是如何看待那一千两百次失败的？"

爱迪生回答说："不是我失败了一千两百次，而是我成功地发现了一千两百种不能做灯泡的方法。"

又有人说他失败的次数不是一千两百次，而是一千三百次。

于是又有记者提出这样的问题：

"请问您是如何看待那一千三百次失败的？"

爱迪生回答说："不是我失败了一千三百次，而是我发现要成功制造灯泡总共有一千三百零一个步骤。"

如果没有失败的衬托与调味，怎么能有成功的可贵和甘美？重要的不是"不失败"，而是不要因失败而灰心丧气。

不想灰心丧气，就要用另一种眼光来看待失败。

失败，其实只是成功的预演，是通往成功的阶梯。

塞缪尔·贝克特安慰失败的人说："试过吗？失败过吗？没关系，再试一次，再失败一次，失败得漂亮一点。"当失败越来越漂亮时，它就越来越接近成功了。

事实上，漂亮的失败往往更让人怀念。

即使明天是世界末日，

今天我还是要种我的苹果树。

——马丁·路德

最后的坚持

主题　看清自己

有一位音乐家，因故被判了死刑。在死刑执行的前一天晚上，他居然在牢房里拉起了小提琴。

狱警也不知道是基于同情，还是觉得难以理解，跑过来问道："你明天就要死了，还拉小提琴做什么呢？"

音乐家一脸迷惑："我现在不拉，那你说，我要等什么时候拉啊？"

十九世纪有一名法国诗人，他毕生追求诗句的精练优雅，憎恶语言的混淆。

有一天，他躺在医院的病床上，生命垂危。

一个修女以为他咽了气，大声朝门外呼喊："快把走廊上的某某东西拿进来！"但她把 Korridor（走廊）念成了 Kollidor。

他听见了，立即来了精神。

他睁开眼睛，很清晰地对修女说："那个词的正确拼法应该是 Korridor 。"

　　在纠正完修女的错误后，他才又闭上眼睛，安然地离开了这个尘世。

　　"看一个人怎么死，就知道他是怎么活的。"很多人在临死前，常会对自己的一生产生莫名的追悔，觉得自己这一生白活了，如果能重新开始，他一定要改弦易辙，过"完全不一样"的生活。

　　也许，每个人都应该先来个预演和测试，想象一下自己垂死之际，依然想做，还坚持要做的事情是什么，那才是你真正的幸福所在。

≋ 卷 四　情感的冬藏

195　在这个星球上，我唯一的庇护所是另一个人的心。

杜鲁门

Winter storage of emotion

THE ONLY

REFUGE I HAVE

ON THIS PLANET

IS
　　　　　　　　　在这个星球上
　　　　　　　　　我唯一的庇护所
　　　　　　　　　是另一个人的心。

ANOTHER

PERSON'S HEART.

人生有两种悲剧：

得不到自己想要的东西，或得到了自己想要的东西。

——王尔德

第三种悲剧

主题　期盼 追求

某要员来到一家疯人院，管理员带着他四处参观。

　　他们来到一间房间前，透过铁栏看到房间内的一名男子，他两眼无神，喃喃自语，还不时用双手猛捶自己的胸部。

　　"这个人怎么啦？"要员问。

　　"这个人因为得不到他所爱的女人，深受打击，所以发疯了。"管理员说。

　　来到隔壁房间，铁栏里关的也是一名年纪差不多的男子，他一脸茫然，不停地在牢笼里绕圈子，语无伦次，拼命用双手去扯自己的头发。

　　"这个人又怎么啦？"要员问。

　　"喔，他得到了刚刚那位得不到的女人，娶了她做妻子，却发现女人跟他原先想象的很不一样，深受打击，所以也发疯了。"管理员说。

得不到想要的东西，固然让人失落；得到了却发现它没有原先想象中美好，同样让人失落。这就是王尔德所说的"两种悲剧"。

但如果是这样，那人生还有什么意思呢？

其实，我们应该从另一个角度来理解。不管得到或得不到，它们都有个共通点：当事者已经不再去追求了。

所以，真正的"悲剧"，真正的"失落"，是停止追求，不再期盼。

人生真正的幸福、最大的乐趣，是一直处在还不知道"能得到或得不到"的追求与期盼过程中。

不睡觉就做不了梦。

——非洲谚语

睡得"酷"一点

主题　心境平和

二十世纪初，威廉·霍华德·塔夫脱代表美国共和党角逐总统席位。

当时的计票远不如现代快速，在确定塔夫脱当选时，已经是深夜。支持者们得到消息后欣喜若狂，决定派代表到塔夫脱家里去道贺。

当道贺的人群浩浩荡荡来到塔夫脱家门口时，却被门房阻拦。门房说：

"塔夫脱先生在九点钟时就已经上床睡觉了，他睡前特别再三交代，今晚不管他是否当选总统，都不许任何人来打扰他的清梦。他说他不愿意为这件事而牺牲一夜的酣睡。"

然后，门房客气地请那些道贺者回去了。

塔夫脱真是"酷得很"。"酷（cool）"，就是"凉"。心静自然凉。定而后能静。

塔夫脱的"酷"，其实是来自他的定力，连当选总统与否，都不能动摇他对睡眠的坚持。

一夜的安眠，对国王与乞丐来说，是同样的享受。一个很"酷"的乞丐会睡得很熟，因为他对人生别无所求；一个很"酷"的国王也会睡得很好，因为什么大风大浪在他眼里，都只是茶杯里的风暴。

为一个小小的考验、盼望和烦恼，而紧张得睡不着觉，那是我们见过的世面太少，得失心太重，心头太热。

所以，还是凉一点，酷一点，每天晚上专心睡觉吧。夜里睡饱了觉，白天才有精神去实现梦想啊。

爱，是让我死在你里面。

——英国谚语

是我，是你

主题　爱与付出

某个深夜，一位男士来到他所爱女子的门前，敲门。

　　"是谁？"女子在屋内问道。

　　"是我。"男士答道。他知道女子听得出他的声音。

　　"这里很小，没有容纳你和我两个人的空间。"女子在门内回答。

　　门并没有打开。男士失望地离去。

　　在孤寂中，男士对女子的思念与爱意日渐加深，他决定对她做最真诚的表白。

　　于是，在某天晚上，男士又来到他所爱女子的门前，敲门。

　　"是谁？"女子在屋内问说。

　　"是你。"男士轻声答道。

　　这次，女子的门终于为他打开了。

　　在这个尘世中，最能温暖人心的也许就是爱，但爱并不容易得到。

　　一个人要先自爱，才能爱人。但如果太过自恋，也无法真正去爱别人。一个太过以自我为中心，只会说"是我"的人，会把爱人当作自己意志的延伸，视为自己的附属品，他期待爱人是顺服的。这不是爱，这是"吞噬"。

　　真爱是付出，付出自我，是"自我的象征性死亡"。一个人必须先走出自我、忘掉自我、放弃自我，全心全意地以对方为念，那才能真正踏进爱的门槛。

　　将"是我"转变为"是你"，并非是让我完全臣服于你，而是让我们在爱的熔炉里"重新调和"，"再捏一个你，再造一个我"，让自我获得重生。

能和你身处同一个时代，

是一件有趣的事。

——罗斯福

特殊的试题

主题　人际交往

在护理学校第三学年的期末考试中，教授出了一些简答题。

　　一位用功的学生，对所有的考题都回答得得心应手，唯独最后一道试题让她感到为难。那道题目是：

　　"学校那位女清洁工的名字是什么？"

　　她觉得这不过是教授想跟他们开个玩笑而已。她见过这位女清洁工好几次，那是个高高的、长着黑头发的五十来岁的妇人，但自己怎么会知道她叫什么名字？这跟护理学又有什么关系呢？

　　不过为了慎重，她还是举手问教授："请问最后一道问题要计分吗？"

　　"当然要计分。"教授说，"你们在往后的职业生涯中会遇到很多人，每个人都很重要，都值得你们主动去关心和了解。"

　　她觉得很惭愧。对于这道题目，她只能留下空白。

后来，当她再遇到那位女清洁工时，便主动过去和她打招呼、聊天，知道了她的名字叫作杜萝西，有三个女儿，是个有趣的女人。

毕业后，她到医院当护士，也用这种态度去对待萍水相逢的病人，这使她结交了很多朋友。她说，那是当年她在护理学校上过最宝贵的一课。

能够和这么多人活在同一个时代，而又能和其中一些人相遇，是偶然，但也是上苍巧妙的安排。

主动张开手臂，和他们打声招呼，了解他们的人生经历，学习他们的宝贵经验，你将发现一个有趣的世界，得到一份珍贵的礼物。

眼睛如果不像太阳，

就无法看见太阳。

—— 歌德

狗屎与佛祖

主题　心存善意

一位高傲的富商，在听了某个和尚讲道后，颇不以为然。他大声说：

"老和尚，你知道我对你和你的观点有什么看法吗？"

"你有你的看法，但我并不在意。"老和尚回答。

"哼！我告诉你，"富商一脸不屑地说，"在我的眼中，你和你的观点不过是一堆狗屎！"

老和尚听了，只是笑笑，果然不在意。富商见他不为所动，遂又挑衅说："那么你说说看，在你的眼中，我又像什么呢？"

"在我的眼中，你就像佛祖一般。"老和尚慈祥地看着富商回答。

富商有点出乎意料，但听到这样的赞美，他不禁感到浑身舒畅。回家后，他高兴地告诉妻子："我骂和尚是狗屎，而和尚居然说我像佛祖。"

"你这个笨蛋！"妻子没好气地说，"只有心里全是狗屎的人，才会把别人看成是狗屎。而和尚是因为有佛祖的慈悲心，所以才能把你也看成佛祖。"

心灵洁净的人，看一切东西都是洁净的；心存邪念的人，则会发现他所接触的人多半也心存邪念。

每一个人都像一面镜子，从对方身上，我们看到的是自己内心想法的投影。

清除自己心中的"狗屎"，以更多的善念和美意去看待周遭的人，这样自己会生活得更加愉快，别人也会更加愉快。

服务他人，

就是在成就自己。

—— 伊丽莎白·布朗宁

拔出心中刺

主题　助人

一位女士搭乘私家轿车返家，途中，她看到一个小孩陷在一堆烂泥中，想要爬出来，却慌了手脚，而不住地哭泣。

她叫司机停下车，下车走过去，将小孩从烂泥里拉出来，但自己的漂亮衣服也因此沾满了泥巴，浑身脏兮兮的。

回到家后，她对一些正在等候她的客人道了歉，就匆匆进房间换衣服。

客人看到她这副狼狈的样子都大惑不解，在听了司机的说明后，才知道是怎么一回事。

当她换好衣服出来时，客人们都连声称赞她的见义勇为。

"拜托你们饶了我，不要夸奖我，"她挥挥手，说，"当我看到那个陷在烂泥巴里的小孩哭个不停时，就好像有一根刺扎进了我的心中。我所做的，不过是拔出自己心中的那根刺而已。"

恻隐之心，人皆有之。所谓"人饥己饥，人溺己溺"，看到别人受苦，自己也会感同身受，跟着受苦。

　　目睹别人的不幸和痛苦，我们心中难免不忍，但如果我们选择闭起眼睛，掉头而去，那便是将刺留在了自己的心中。哪怕事过境迁，那件事依然会让我们心中有着飘忽的、莫名的刺痛。

　　只有立刻伸出手，帮别人一把，才能拔出自己心中的刺。

　　让受苦的人免于痛苦，其实也就是让自己免于痛苦。帮助别人，就等于是在帮助自己。

快乐不是置身于什么情境中，

而是拥有什么态度。

—— 道恩斯

快乐的更正

主题　保持快乐

在毕业十周年的同学会上，正经营着一家贸易公司的陈君，眉开眼笑的脸庞一如往昔，在席间谈笑风生。

一个一直跟他保持密切联系的朋友打趣说，那是因为他的事业一帆风顺、家庭幸福美满，所以他现在才"高兴得合不拢嘴"。

他立刻提出"更正"，笑着说："我不是因为你说的家庭美满、事业一帆风顺才高兴得合不拢嘴，而是因为我一直很快乐，所以才有了你说的美好的事业和家庭。"

这时大家才想起，在大学时代，陈君就是他们班上最快乐的人。

快乐不见得是经历了某件事、得到了某种东西后的结果。有同样经验、同种东西的人不一定快乐。

快乐是一种心情、一种态度。只要保持敏锐的感受力，那么即使再平凡不过的经历和事物，也能让人感觉到快乐。

因为陈君每天都心情愉快、眉开眼笑，妻子、儿女和商场上的客户，感染了这种气氛，如沐春风，自然就会表现得更贤惠、更懂事、更愿意与他做生意，结果就有了所谓的"家庭美满、事业一帆风顺"。而这又强化了他原来快乐的心情，使他更能保持快乐的心情。

不是得意的人生让人快乐，而是快乐的心情让人有了得意的人生。

人生而自由，

却无处不在枷锁之中。

——卢梭

打开两个监牢

主题　原谅

有两个被关在纳粹集中营里的犹太人，在死里逃生后，仍经常保持联系。

有一天，两人在闲聊时，一个人又谈起当年集中营里的悲惨岁月，脸上露出痛苦与愤怒的神情。

另一个人只是静静地听着。

那个人问："难道你已经原谅那群残暴的罪人了吗？"

"是的。我早就原谅他们了。"另一个人回答。

"我可是一点都没有办法原谅他们！"

"如果是这样，那你依然在受他们的监禁呀！"另一个人遗憾地说。

枷锁无所不在，但很多都是人们自己选择的。

有形的监牢并不可怕，它只关得住身体，却关不住心灵。可怕的是无形的监牢，它让人不管走到哪里，都依然像个"心灵的囚犯"，无法从过去的不幸中挣脱。

从某个角度来看，那个无法原谅的犹太人，他的心灵依然受到纳粹分子的监禁。但从另一个角度来看，是他在自己心中另设了一个监牢，监禁永远受他诅咒的纳粹分子。

将自己恨之入骨的人囚禁起来，不时抓出来"拷打"，似乎能大快人心。但这样一来，我们就成了必须随时保持警觉，察看犯人是否"脱逃"的"狱卒"。结果，我们只能处在烦闷与恨意中，不得自在。

只有打开心中的两个监牢，释放被监禁的自己，还有被自己监禁的人，我们才能真正自由自在。

困扰我们的并非是他人的行为，

而是我们对那些行为的看法。

——马可·奥勒留

什么叫侮辱

主题　看法

有一个年轻人，在看了关于"推销致富"的书后，决定当个推销员。

两个月下来，原本信心十足、乐观进取的他却灰头土脸、失神败志。让他感到挫折的，并非是他的推销只成交了四笔，而是他觉得自己受到了莫大的侮辱。

在按响门铃后，有人一看他是推销员，就一脸不悦地将他推出去；有人在听他解说产品时，脸上的表情就好像在看小丑表演。

有时候，他百折不挠地使出"缠功"，对方就立刻厌烦地拉下脸，说："你们都是老鼠会（一种非法传销组织的称呼）的，我不会受骗的！再不走，我就要报警了！"

真是"是可忍，孰不可忍"，他为什么要如此低声下气，又平白遭人冷嘲热讽？

有一天，他在路上遇到一位前辈，便忍不住气馁地大吐苦水："我实在做不下去了，每到一个地方，我都受人侮辱。"

"那实在太糟了。"老前辈听了他的诉苦后，充满同情地对他说。

"我无法了解你的情况。二十多年来，我到处推销，我推销的东西曾经被人丢到窗外，连我自己都被扔出去过，我还曾被人踢下楼梯，曾被人一拳揍在鼻子上。但我想我还是比你幸运些，因为我从来没有被人侮辱过。"

什么叫"侮辱"？那位前辈过去的经历比他凄惨得多，但他不认为那是"侮辱"，而是"磨炼"。

重要的不是别人对我们做了什么，而是我们对它的解释和感受。

梦想明天是一种快乐，

但明天的快乐却是另一样。

—— 安德烈·纪德

意外的劳伦斯

主题　意料之外

有个大学生，在看了电影《阿拉伯的劳伦斯》后，迷上了那位来自英国的沙漠英雄，而选修了一门研究劳伦斯作品的课程。

　　上课前，他到旧书店去买参考书，问了店员后他才知道，这个写了《虹》《圣马》《查泰莱夫人的情人》的劳伦斯，是个患有肺病的小说家，根本不是他心目中的那个劳伦斯。但已过了课程的退选时间，后悔也来不及了，他只好硬着头皮去读劳伦斯写的书。

　　读着读着，他竟读出了兴味。他发现劳伦斯很擅长描绘男女间细腻的感情，而在他深有同感之处，都被前位借阅此书的人画了红线。前位借阅此书的人是个女性，在他买的每本旧书上都留下了同样娟秀的签名。

　　他开始摹想这位神秘的女子，觉得自己和她有灵犀互通之处。于是通过一番查询，他找到了那个女子的电话号码。

电话接通后，他立刻自我介绍和说明来意，说他想和她讨论劳伦斯的作品，也想向她借这门课的笔记。

对方回答说，她并不是他想象中的"二十岁的女大学生"，而是一个"七十岁的英国文学系退休女教授"。既然他对劳伦斯那么有兴趣，她很乐意和他讨论。

他再次"悔之已晚"，但话已说出口，只好答应见面。

见面后，退休女教授高雅风趣的谈吐，不仅让他对劳伦斯的作品有了更深刻的认识，而且激起了他对爱情和女性更强烈的探求，两人因而成了忘年交。学期终了，他选修的这门课得到了 A 的成绩，而且他觉得自己也变成了一个更好的男人。

符合预想的人生是一种快乐；不符合预想、出乎预料的人生是另一种快乐，说不定还更加快乐。何必坚持要得到原先的那种快乐呢？

我们无法做大事，

但我们能以大爱做小事。

—— 特蕾莎修女

捡海星的少年

主题　帮助

黄昏时刻，正值海水退潮，成千上万只海星被海浪冲到沙滩上来。

　　脱离海水的海星，像失去母亲的婴儿，痛苦地扭曲着身体，挣扎着想要返回母亲的怀抱。但海水越退越远。

　　一个来到沙滩玩耍的少年，看到这幅景象，就弯下腰来，捡起被冲上岸的海星，将它们一一丢回海中，以免它们因脱离海洋过久而死亡。

　　一个在沙滩上漫步的中年男子远远走来，他看着忙碌的少年好一会儿，摇摇头说：

　　"被冲上来的海星这么多，你不可能将它们全部扔回海中。而且，今天扔回去了，明天它们可能又被冲上来。将这里的海星扔回去了，世界上其他地方还有更多的海星被冲上岸。难道你不知道自己再怎么做，结果都一样吗？"

　　"我知道，"少年笑了笑，弯下腰，又捡起一个海星，将它掷回海里，说，"但是对这一只海星来说，可就不一样了。"

世界各地，每天都有因各种原因而陷入不幸，在痛苦边缘挣扎求生的人，那些伸出来的祈求的手，何止成千上万？也许我们看不见，但每个人都可以想象得到。

我们又能做什么呢？"你不可能一一拯救他们""结果还不都是一样"，很多人以此来麻痹自己，结果，他们什么事也没做，什么也没能改变。

只要有心，并付诸行动，不管你的力量多么微薄，对那个受到你帮助的人来说，可能拥有改变他一生的巨大影响。

发怒，

是拿别人的错误来惩罚自己。

——康德

他被恶魔附了身

主题　转换心态

有一位富豪，长期住在一家五星级饭店中，但他却是服务生眼中的"恶客"。

　　他不仅随意差遣服务生，而且没有一项服务是让他满意的，因此他经常不留情面地痛骂他们。当然，他也不会给他们一毛钱的小费。

　　服务生们个个被"凌虐"得心中火大，但只能忍气吞声，敢怒不敢言。

　　饭店新来了一位服务生，大家纷纷将服侍富豪的工作推给这位新人。刚开始时，新服务生也是饱受富豪暴虐的对待，但他不以为意，脸上一直挂着笑容，好像富豪骂的不是他似的。

　　那些老服务生觉得他的"忍功"实在到家，问他为什么能"忍人所不能忍"？

　　"我并没有强迫自己忍耐，只是换了个想法而已。"新服务生笑着说，"你们都认为他是一个可恶的加害者，但我认为他是一个可怜的牺牲者——一个被恶魔附身的不幸者。恶魔夺走了他的良知，他越无理谩骂，我就觉得他越可怜。当他骂我时，我心里想的是要如何帮助他，赶走他身上的恶魔，让他恢复善良的本性。"

因为这位服务生一直笑脸相迎，富豪竟慢慢改变了他的态度，不再像原先那样颐指气使。在离开饭店时，还给了这位新服务生一笔可观的小费。

别人蛮横无理，那是他修养欠佳，是他的错。如果自己因而被激怒，咬牙切齿，血脉偾张，那不仅是在"效法"他，更是在用他的错误来惩罚自己。

不想与他一般见识，不想惩罚自己，就要换个想法。以同情来取代愤怒，同情对方的良知被蒙蔽，可怜他的"身不由己"。若"行有余力"，还可以想办法救救他。这样，你怎么会生气呢?

恨，并不是爱的对立面，

冷漠才是。

——罗洛·梅

未完成的爱

主题　爱与恨

咖啡屋里，有一个少女和一个中年妇人。

在黯淡的灯光和悲伤的音乐声中，少女提起她的爱人，她付出纯真感情、朝思暮想的那个男人。但爱人已离她而去。

"我恨他！"她紧绞着双手，上身微微颤抖。

"哦？"中年妇人的脸上飘着不以为然的笑意。

她居然这样幸灾乐祸呀！少女有点后悔暴露自己的伤痕了。

"难道你没有恨过男人？"她苦涩地问。

轻摇着杯里的咖啡，中年妇人似乎在认真思索。过了半晌，她才缓慢地开口："当然恨过，而且我还恨过两个男人。

"第一个男人，我恨他时恨得入骨，但那是因为我对他的爱还没有结束，当我真正结束对他的爱后，我也就懒得恨他了。

"第二个男人，我恨他时也是恨得要命，但那是因为我对他的爱还没有完成，当我们重归于好后，恨就消失了。他就是我现在的丈夫。"

爱恨只有一线之隔，没有爱，就不会有恨，最深的爱能变成最刻骨的恨。

我们常以为恨就是爱的反面，但其实不然。

恨，只是爱的两种变形：一个是"还没有结束的爱"，另一个则是"尚未完成的爱"。

而它也只有两种结局：一个是连恨都懒得恨了，因为爱已经"完全结束"；一个是恨又变成了爱，因为爱"终于完成"。

恨，是迷失的爱，它只会回过头来咬啮你自己。

我欢迎批评，

只是必须按照我的方式。

——马克·吐温

猴子与椰子

主题　接纳批评

某人受到了他人严厉的批评，心中愤恨不平，而向一位智者吐露怨气："他有什么资格批评我？"

　　"我很了解你的感受，"智者说，"那就好像你走过树下，树上的猴子忽然对着你的头丢下了一颗椰子。"

　　"您是说要我将他当成一只猴子？"

　　"不是。"智者摇摇头，说，"你应该捡起椰子，喝了其中的果汁，吃了其中的果肉，而且用壳做一个碗。然后说谢谢你的椰子！谢谢你给我的批评！"

　　"欢迎批评指教"，大家都这么说。因为有批评，才有进步。但大家其实都很不喜欢被批评。

　　特别是非预期中的批评，或不是用所谓"七分勉励，三分批评"的委婉方式来表达的批评，通常会让人心里不是滋味，甚至火冒三丈，恶语相向。

将批评者视为"猴子"，固然可以宣泄自己的鄙夷之意，但对自己一点好处也没有。"椰子"既然凭空飞来，打到自己的头上，那我们就应该让它物尽其用。

心平气和地"品尝"对方的批评，里面总会有些能够改善个人性情、充实自己生命的"养分"，要充分吸收，否则就真的被"白打"了。

喝了够多的椰汁，吃了够多的椰肉，做了够多的椰碗后，即使面对"恶意"的批评，我们便也能够"善意"地接纳了。

有钱去买能得到的东西当然不错，

但是不丢失用金钱买不到的东西更好。

——洛里默

窗户与镜子

主题　金钱与快乐

有一位传奇商人，关于他是如何发迹的，坊间有很多传言。商人有一个不为人知的秘密，那就是他觉得自己并不快乐，在事业成功后，他反而有一种难言的孤独与寂寞。

　　有一天，他偷偷地去请教一位大师。大师对他的过去略有耳闻，在听了他的诉苦后，大师带他走到一扇窗户旁边，问他：

　　"透过这扇窗户的玻璃，你看到了什么？"

　　"看到各式各样的人。"商人说。

　　窗户位于紧邻大街的三楼，他看到街上有几个摊贩在叫卖，两个男人站在路边愉快地交谈，一个母亲骑着摩托车载着女儿经过。

　　然后，大师又带他来到室内一面大镜子的前面，问他："透过镜子的玻璃，你看到了什么？"

　　"我看到了自己。"商人说。他看到的是自己落寞而郁闷的脸孔。

"问题就在这里。"大师微笑着说，"同样是玻璃，但因为镜子的玻璃涂了银，就只是多了一点银，便使你看不到别人，只看到自己。"

他痴望着镜中的自己。的确，这么多年来，他心里所想的就是钱。为了赚更多的钱，他得罪了很多人，失去了一大堆朋友，甚至连妻子儿女都变得和他非常疏远。这正是让他觉得孤独与寂寞的最大根源。

拥有金钱的快乐是抽象的，它经常只是缺乏实质快乐者的替代品，或是必须以失去实质的快乐作为代价。

把钱看得太热，心就会变冷。再热的钱也无法抚慰孤冷的心，挽回失去的爱情、亲情和友情。

我不知道我的祖父是谁，

我更加关心的是他的孙子将成为什么样的人。

——林肯

应该感到羞耻的是谁

主题　出身和眼界

李邦彦是北宋末年的一位宰相，有个诨号叫"浪子宰相"。

他出身寒微，父亲是个银匠。从小就和市井小民打成一片的他，幽默风趣，喜欢耍宝，经常用粗俗的俚语来填词作曲，自称"李浪子"。在当了宰相后，他仍然保留当年的一些习性，所以大家就叫他"浪子宰相"。

李邦彦的母亲在住进了宰相府后，经常忆苦思甜，向几个长得白白胖胖的孙子谈起自己的丈夫当年做银匠时的种种趣事。

但这些趣事，在养尊处优的孙子们的眼中，是让人皱眉的丑事。

最后，孙子们竟央求说："祖母，您不要再讲那些令人羞耻的事了好吗？"

"傻孙子！"李邦彦的母亲板起脸来，训诫他们说，"宰相家里出了个银匠，那才是可羞耻的事，银匠家里出了个宰相，这是大好事，有什么可羞耻的呢！"

"英雄不怕出身低"，很多成功的人都喜欢提起自己的"当年穷"。但偏偏有些不是英雄的人，却怕别人知道他"出身低"。

有体面的家境、体面的父母，那是父母的光荣，不是我们的光荣。家境不体面、父母的职业不体面，那也不见得是父母的错，更不是我们的错。

在意这些，只能表示自己眼界小，难成大器。而且，还会深深地伤害父母的心。

俗话说："狗不嫌家贫，子不嫌母丑。"为没有体面的家境、体面的父母而感到羞耻的人，才是真正应该为自己感到羞耻的人。

自私，不是一个人按照他自己的意愿生活，

而是要求别人按照他的意愿生活。

——王尔德

自私的孝顺

主题　真心对待

有一位男士，在成家立业后，决心好好孝顺父母，以报答父母的养育之恩。

他不只让父母吃好的、穿好的，陪他们到世界各地旅游，而且想要丰富和提升父母的精神生活，让他们多多接触高雅而有品位的东西。所以，他劝说母亲去学插花，也经常带父亲去听音乐会。

有一天，他带父亲来到国家音乐厅欣赏世界级的钢琴演奏，想不到演奏到一半时，坐在邻座的父亲却因睡着而发出响亮的鼾声，让他既尴尬又不满。

当晚，在回家的路上，父子沉默了一段时间。最后，儿子说：

"我是想让你高兴，才带你来听音乐会的，如果你不喜欢，不必勉强。"

"我也知道你是因孝顺我，才带我来的，但你也不必勉强。"父亲说，"其实，我喜欢的是看木偶戏，而不是听音乐会。

"还有，你妈妈说，她比较喜欢种菜，而不喜欢插花。"

爱一个人，自然会想让对方快乐，让对方过更有意义的生活。但每个人对什么是"快乐"和"有意义"都自有定见，把自己的想法强加在对方身上，很可能会适得其反，反而变成是对对方的一种"折磨"。

认为听音乐会比看木偶戏高雅，觉得插花比种菜有品位，那只是一种自以为是的偏见。每个人都拥有自己的偏爱，我们要做的是别让这种"偏爱"变成"偏见"。

真心爱对方，真正想为对方好，让对方快乐，那就要放手，让对方去做他们自己真正喜欢做的事。

责任，

就是对自己要去做的事情有一种爱。

—— 歌德

只是为了爱她

主题　爱与责任

一对男女，相恋而结婚后两年，某一天，妻子单独开车外出，不幸发生了严重的车祸。

在死亡的阴影下挣扎了一年多，她虽然捡回了一条命，但再也不是原来那个活泼可爱、温柔体贴的女人了。

她的下半身完全瘫痪，说话时只能发出一些别人听不懂的声音。她虽然还认识丈夫，但过去的记忆变得有点模糊、混淆。

原来是个推销员的丈夫，在妻子发生车祸后，立刻辞去工作，另外找了一份离家很近的差事，以便有更多的时间照顾妻子。他全心全意侍候妻子的饮食起居，几乎没有得到任何回报，但也没有任何怨言。

如此过了十五年，妻子才撒手人寰。

有人对他的耐心和责任感感到钦佩，问他到底是什么力量在支持他？

他说他从来没有想过这个问题。但经不住大家的一再追问，最后，他回答说：

"我只是为了爱她。"

这位丈夫自始至终，都没有说他无怨无悔地照顾残疾的妻子，是因为"他对她许过诺言"，或者因为"他对她有责任"，而只说那是"为了爱她"。

不管对人或对事，爱，正是所有责任和承诺的基础。

责任和承诺，给人一种尽义务、有负担的沉重之感。但如果对应该做的事有一种爱，我们就能甘之如饴，不再斤斤计较。因为那只是爱，我们根本不会想到什么压力与负担，责任或承诺。

没有爱的人是不幸的，因为他们在责任中看到了牺牲。

悲怆是灵魂的锈斑，

只有行动能清拭它，让它发光。

——约翰生

无光的蜡烛

主题　走出悲痛

有一位父亲非常疼爱他的女儿，将她视为掌上明珠。

然而，女儿不幸得了重病。他为女儿寻找最好的医生和各种可能有用的秘方，但还是回天乏术。

女儿的离世粉碎了他的世界，他辞去了工作，断绝了与亲友的交往，整天躲在家里长吁短叹，以泪洗面。

有一晚，在无尽的悲痛中，他做了一个梦。

他梦见自己来到了天堂，看到一支由很多孩子组成的天使队伍。每个穿着白袍的小天使，手上都拿着一根点燃的蜡烛，正缓缓穿越一座白色的神殿。

在绵延无尽的队伍中，他注意到有一个小天使手上的蜡烛没有点燃。仔细一看，那不正是他疼爱的女儿吗？为什么只有她手上的蜡烛黯淡无光呢？

他连忙跑过去，将女儿搂进怀中，温柔而不忍地问道："小宝贝，为什么只有你手上的蜡烛没有点燃呢？"

小女儿回答："爸爸，他们每次一点燃我的蜡烛，就又被你的泪水浇熄了！"

他从梦中醒来，觉得梦中的女儿给了他最好的劝告和安慰。于是，从那天开始，他不再为女儿流泪，重新走出家门，展现欢颜，与人群接触和照常工作，过他应该过的生活。

在忙碌了一天后，他偶尔会抬起头来，仿佛看到天堂中天使队伍里的女儿，手上的蜡烛正闪着明亮的光。

因为失去所爱的人而沉溺于悲痛中，并不能挽回什么，也不是爱我们的人想看到的样子。只有走出悲痛，用行动来洗涤悲痛，才对得起我们的生命，以及我们付出和得到的爱。

在心中保存一些清凉的绿色记忆，

以备可能来临的阴暗与冷瑟。

——佚名

童年的泥巴

主题　快乐的回忆

巴甫洛夫是行为心理学派的鼻祖。有一天，他生病了，躺在病床上，高烧不退。

　　弟子们都很担心。在神志恍惚中，巴甫洛夫夫交代弟子："请到我老家的河边，带回一篮被太阳晒温的泥巴。"

　　虽然不知道老师的用意，但为了让老师高兴，一个弟子立刻动身前往老师的老家，带回了他想要的一篮子泥巴。

　　巴甫洛夫看到泥巴，脸上露出罕见的笑容，撑起软弱无力的身体，将双手缓缓伸进那篮子泥巴中，像个小孩子，专心而愉快地玩起那堆泥巴来。

　　几个小时后，巴甫洛夫的高烧就消退了，过没多久，他便能下床走动了。

　　怎么会有这种奇迹？

　　巴甫洛夫自己解释说，小时候他常和母亲到河边，母亲洗衣服，他就在旁边一边快乐地玩着泥巴，一边听母亲讲故事。这是他一生中最美好、最让他难以忘怀的记忆，每次一回想起来，心中就感到无比的温馨和安宁。

当他卧病在床时，他又回忆起这段往事，便在心里告诉自己："只要能让我重温那美好的童年旧梦，我就一定会让自己的身体好起来。"

这正是巴甫洛夫所创的"反应制约理论"的一个生动例证。

童年时玩泥巴的事和快乐、温馨的心境"联配"在一起，如今手中玩着泥巴，昔日的快乐、温馨便又一一回到心中，这样的心情是有助于身体康复的。

从过去的生活中"剪下"一些青翠、温馨的记忆，永留于心中，不仅能让人心情开朗，而且可以抵挡、化解、冲淡随时可能来临的挫折和苦难。